# 30岁女人应该在意的事

Essential things for women at age of 30

叶初夏 著

哈尔滨出版社
HARBIN PUBLISHING HOUSE

图书在版编目（CIP）数据

30岁女人应该在意的事 / 叶初夏著. —哈尔滨：
哈尔滨出版社，2013.1
ISBN 978-7-5484-1025-6

Ⅰ.①3… Ⅱ.①叶… Ⅲ.①女性-修养-通俗读物
Ⅳ.①B825-49

中国版本图书馆 CIP 数据核字（2013）第 082618 号

书　　名：30 岁女人应该在意的事

作　　者：叶初夏　著
责任编辑：邹德萍　任　环
责任审校：李　战
装帧设计：琥珀视觉

出版发行：哈尔滨出版社（Harbin Publishing House）
社　　址：哈尔滨市松北区科技一街 349 号 3 号楼　　邮编：150028
经　　销：全国新华书店
印　　刷：辽宁星海彩色印刷有限公司
网　　址：www.hrbcbs.com　www.mifengniao.com
E－mail：hrbcbs@yeah.net
编辑版权热线：（0451）87900272　87900273
邮购热线：4006900345　（0451）87900345　87900299 或登录蜜蜂鸟网站购买
销售热线：（0451）87900201　87900202　87900203

开　　本：787mm×1092mm　1/16　印张：13　字数：220 千字
版　　次：2013 年 1 月第 1 版
印　　次：2013 年 1 月第 1 次印刷
书　　号：ISBN 978-7-5484-1025-6
定　　价：24.80 元

*Forword*

# 序 言

是不是每个女人，都希望自己是一棵树，一半在尘土里安详，一半在风中飞扬，即使这一年的秋天纷繁飘落，来年也会重新披上绿装。是不是每个女人，都希望自己是一朵永不凋零的蓝莲花，永远清澈高远，永远清纯风雅。然而，岁月正于无声无息中褪去宝贵的青春外衣，但是，聪明的女子，懂得以信念沉淀出醉人的风情。

30岁，正是应该将这种风情诠释得最好的年纪。虽然渐渐远离了二十几岁女孩儿的娇嫩欲滴，无忧无虑；虽然还无法真正沉淀出四五十岁女人沧海桑田之后的丰富与达观，但却有着这一时期最特别的色彩。不同于可爱的粉红，不同于年轻的新绿，不同于默然的暗黄，不同于风霜的苍白，它是既明艳又神秘的紫色，抬头靓丽精致，低首温柔含蓄，连转身都优雅而华丽。

这样的女人，不仅仅是让男人的目光停下，更可以让他们的心留下；这样的女人，不仅仅懂得让别人欣赏愉悦，更懂得把握自己的旋律。所以，请不要怀疑，你，仍然拥有着女人一生里最美的年华。

当单纯的漂亮渐逝，要懂得让魅力随行。没有谁能够保持永远姣美的容颜，但成熟女性特有的魅力会随着岁月的沉淀而散发出幽幽暗香。一个注重健康，积极保养，会穿衣打扮，并能够安然地享受生活，日渐树立起自我品牌和风格的女性，才可以不断地实现魅力升级，才能将30岁的人生过得色彩斑斓。

当年龄不断增加时，要知道给生活做做减法。走过了轻飘飘的女孩时光，工作、家庭、责任、义务等，悄然光顾了女人柔软多情的生命。很累的时候，想没想过改变一下生活方式？有时不必太认真，反而会有意想不到的结果；有时少与人攀比，反倒更容易接近幸福。以成熟的心态来面对世上的纷扰，会修炼出真正的优雅从容，会将30岁的人生过得轻松写意。

当抬头仰望蓝天时，要记得脚踏实地。女人因为性情中的浪漫与梦幻，呈现出可人的温婉细腻。然而，总是如小女生般沉浸在王子公主的偶像剧中，总是任性地抓住远去的爱情或不可更改的事实纠结不放，总是冲动地行事，从不考虑实实在在的人生规划，那么，现实的残酷会毫不客气地予以打击。梦想不应该是散落的蒲公英，而应该是深深扎根于土壤中的树苗，这样的未来才更有保障，才能将30岁的人生过得放心安全。

30岁女人的人生，开启着生命中新的起点，不是衰老的开始，而是赋予女人风情与品格的开端。在意那些应该在意的事，珍惜那些应该珍惜的人，形成自己应该形成的生活方式，摒弃那些应该摒弃的消极情绪，那么，这世界上的任何一位女性，都可以永远地优雅着、快乐着、幸福着。

# 30 岁，

该有女人味了。熟女的风情，
正如让人百看不厌的明媚春光。

## 第一章　展现30岁女人的明媚风情

30岁，

需要让自己不断成长。
从才情到心情，
都应注入更多的生机与希望。

# 第二章 释放30岁女人的勃勃生机

# 30 岁，

去采摘成熟的果实。剥落了青涩
之后呈现的优雅和聪慧，
正是魅力的极致。

## 第三章　酝酿30岁女人成熟的智慧

**30岁，**

要拥有保障生活的能力。
哪怕严冬到来，也可以让自己
过得安心安稳。

## 第四章　收纳30岁女人想要的安稳

· 20岁，我们可以任性，可以冲动，可以痴狂，可以叛逆，那是女孩儿张扬的青春；

· 30岁，我们更要温柔，更要从容，更要智慧，更要优雅，那是女人味散发的暗香。

## 拥有让女孩儿羡慕的女人味

米白第一次产生某种挫折感，是在见到了知涵的那一刻。她坐在餐厅明净的落地窗前，看着程远牵着知涵的手从远处走来。米白的眼睛始终盯着袅娜而来的一对璧人，心里霎时生出无限的失落。

也许程远的选择是对的，米白现在终于明白自己是败在了怎样一个女人的手里。刚刚30岁的知涵，竟然把一个成熟女子的风情演绎得恰到好处。服装里有着素雅的调子，绝不土气，也绝不卡哇伊。面容洁净，淡妆点染，红润的唇角牵扯出浅浅的笑意。

米白不自然地拉了拉自己露脐的上装，在给知涵让位置的时候，她闻到了隐约的芬芳，不浓烈，却幽长。而几乎随着知涵的落座，餐桌旁很多男人都投去了打探的目光。

绝不是惊艳，如果仅仅是惊艳的话，米白性感的装束已经点燃过男人们的关注。但这个女人就是很有味道，举手投足、一颦一笑间凝结着一种细腻，这样的细腻不是每个女人都有的，也不是二十几岁的女孩子可以演绎的。就是这一刻，米白突然希望自己迅速地长大，成长到也可以承载这种风韵的年龄。

宴会结束后，米白直接去了商场的女装部与化妆品城，抱回了一堆很有女人味的衣服和芳香四溢的香水。可是第二天，当她穿着这些出现在朋友们面前时，却受到了沉重的打击，其实连她自己都觉得很不自然。

她终于意识到，原来女人味并不单纯是服装和化妆便可以创造出来。它是一个女人经过岁月的洗礼，而沉淀出的一种气质。而对于女人来说，气质是一种永恒的诱惑，它并非靠外貌就能获得，要拥有丰富的智慧与常识，拥有相应的气度与修养。而女人味正是诞生于这种气质里，它是女人的神韵和风采。

具有女人味的女人，至少应该拥有这样一些品质。

比如矜持。适度的矜持是端庄的表现，那些疯疯癫癫、嘻嘻哈哈的行为举止，适合处于无忧无虑的青春期里的小女生，而不适合于真正成熟的女人。女人正是因为懂得了矜持含蓄，才会把女人味演绎得恰到好处。

比如从容。遇事从容不迫代表着女人内心的淡定，同时也会凝结出美好的气质。试想一个女子步履不慌乱，从容地做着手边的事情，偶尔还会对你淡淡地回眸一笑，这是何等的美好，任谁也会不自觉地沉浸在如此安抚人心的氛围里。

比如智慧。智慧是女人立于现代社会应该具备的元素。有心之人，必然会让自己随着人生阅历的增加，相应地提升自己的知识层次和处理问题的能力。智慧的女人，懂得如何发挥女性的魅力，她们聪颖狡黠的眼睛里蕴涵着让人赏心悦目的风情。

比如温柔。温柔是身为女人突出的特征之一。如果你觉得这个时代的女性更加中性化，温柔似乎已经成了很过时的品格，那么你就错了。保守的男人依然很多，他们抵挡得了刚直烈性，却往往难以逃出温情如水的绕指柔，温柔可以彰显女性独特的处世魅力。

比如情调。小情小调绝对可以增加你的女人气质。柔和的灯光、香浓的咖啡、隐约的花香、含情的微笑……很多女性都喜欢这种浪漫的情调，而男人有时也会情不自禁地被浪漫的女人所吸引。注重生活情调的女子，不但会活出自己的品位，还会活出浓浓的女人味。

比如修饰。女人味的确是内在的气质，但外在同样也是不容忽视的依托。男人喜欢看性感漂亮的女人，但永远欣赏那种在任何场合都可以打扮得优雅得体的女人，这得体里包括干净清爽，包括入情入景。所以，千万别让自己穿着蓬蓬裙去参加一个高雅的派对。

女人味其实是个有些抽象却能让人最直观感受到的气质，它综合了女人方方面面的素养与特征。30岁，真正可以开始称为女人的年龄，请安然地享受这个年龄所赋予你的品性，努力地去打造这个年龄应该有的气质，如此才能不负时光的馈赠。

女人这个词，实际上是种赞美，不是说你老了，而是说你从身体到心理的一种成熟，而这种成熟，会让你越来越接近魅力的极致。

侧耳倾听

## 教你荡漾出女人味的小招术

1.举止轻巧，言语温柔，性情含蓄而纯净。

2.对自己的相貌负责，常化淡妆，经常微笑，没有人会说你不是淑女。

3.一定要用香水，而且尽量用适合自己的固定牌子的香水，让其中加入属于你的独特味道。

4.裸露要适度，要习惯于穿高跟鞋，当你最想展示女人味的时候，就长发长裙地飘过来。

5.会运用恰到好处的小动作，比如不动声色地调整一下自己的肩带，或侧过头听他说话。

6.偶尔的羞涩。轻轻垂下眼帘，或者脸上突然泛起的红晕，都会让人觉得女人味十足。

7.别像一张白纸般单纯清晰，要懂得创造出神秘的风情，有些话可以说到一半就打住。

8.发发呆，做做白日梦，永远像陀螺一样忙的女人，哪有机会想象梦的颜色，释放出水样的柔情。

9.做个知性女人，不肤浅，也决不冷淡，该燃烧时就燃烧。

10.让自己通情达理，并替别人着想。在他面前时，可以适当地让他觉得自己比你懂得多。

·20岁，对于我们来说，性爱可能很奇妙，做与不做，爱与不爱，感觉自知；

·30岁，对于我们来说，性爱似乎更美妙，应该去做，应该去爱，感受自控。

# 享受性爱的美妙旅程

想问各位一个问题，以30岁作为分水岭，之前与之后，哪个阶段对性爱的渴求度更高，满意度更好？如果你的答案是二十几岁，那么你还没有真正地了解女性，或者你是个喜欢压抑自己情欲的女人。

也许你想说30岁之前的性爱充满激情与新奇，自然更加渴求，也会较为满意。而30岁之后的女人通常完成了孕育生命的过程，将更多的精力和注意力放在了照看孩子、打理家务、奔波于职场等方面，每天累得精疲力竭，还哪有心情想床笫之事。至于枕边那个熟悉得不能再熟悉的人，似乎也不那么容易激起我们对于性的渴望。

然而事实上，女人对于性爱由探索走向成熟的阶段正是从30岁开始。这个时候的我们更了解自己的身体，更懂得自己的感受，更能够掌控性爱的节奏，也生出更多需要被关爱和体贴的想法。

都说女人和女人之间没有秘密，闺房里谈谈男人也是很正常的事情。就在上周末，我们到要好的女友家里聚会，一边毫不客气地享受着可口的咖啡和水果餐，一边口吐莲花般地奉上各自的八卦大餐。不知怎么就聊到了性爱话题，接着听到一位潮女道出了个令人惊讶的观点，说是女人如果与不爱的人做爱，会有很大的伤害，不但不能让人心情愉快，还可以加快衰老，并有伤身之嫌。因为与不爱的人做爱，体内的细胞也会很反感，它们会行动起来捍卫自己的感觉，所以体内就会发生战争，内分泌也会随之紊乱。我们无法判断这种说法是否有科学根据，但是细想来不是没有道理。

其实它要告诉我们的是，女人不要把做爱当做义务，不要忽视自己内心的感觉，而要把它当做一种享受，一种愉悦的体验，一次美妙的旅程。因此，请不要再做这样的女人，每天回到家里洗衣、做饭、刷碗、拖地，等到哄了孩子睡着后，自己最想做的就是倒头酣睡。即使身边的他如何想跃跃欲试，看到这样的妻子，通常都会不忍心，或者无法动心了吧。

如果现实生活果真如此，改变又暂时不太可能，但完全可以找个轻松的周末，不再去想工作和家务，把孩子送到父母家里，这个晚上，是只属于两个人的美好夜晚。为了一次成功难忘的性爱之旅，不妨去特意购买一套性感的内衣或妩媚的睡裙，洒一点儿诱惑的香水，喝一杯爽口的红酒，放一些轻柔的音乐，看一段暧昧迷离的电影。把两个人身体的交融，当成仪式般重视。或许你不曾意识到，这所有的一切，都可以成为你们的前戏，从这一刻就开始专注地投入和享受，被愉悦了的身体和心情，会让你拥有一个晚上的美好。

成熟的女性实在不必还如小女生般羞涩扭怩，坦然地对待性生活也体现着对生活的追求。很多女人不知道高潮的感觉，要知道高潮可不只是男人独有的享受。女人同样可以享有高潮来临时的美妙，关键在于你也应该有追求高潮时的那份心理和勇气。引领他找到你的兴奋点，引导他说出你想听的情话，引诱他专注而深情地攻占你，当高潮到来时，相信你们的能量会得到最大限度的释放，你们的爱也会在无形中加速提升。

一次完美的性爱，往往由无数的细节所成就。在渐渐地走出女性被动的时代，我们对于性的认识也需要有相应的革新。谁说女人对于性爱就只能接受，不能主导？谁说女人对于床笫之事一定要三缄其口，讳莫如深？淑女也有释放自己的权利，也可以偶尔做做性感的小猫，百变的女人才是光彩的女人，才有多彩的生活。尽情地去享受吧，30岁，风光旖旎，风华正茂，别让性爱随着年龄的增加渐渐变成鸡肋，它其实是每个人都需要重视的生活大餐。

侧耳倾听

## 浪漫性爱让感受更美妙

1.享受性爱需要自信。即使现在的身体不如以前轻盈苗条，但要坚信自己的丰腴性感依然是他梦想的摇篮。

2.享受性爱需要创新。不要总是在同一个位置，以同一个姿势，用同一个动作，完成同一件事。创造多用于生产，创新则更适用于生活，包括性生活。

3.享受性爱需要懂点相关知识。至少要懂得避孕，即使对于生过了孩子的女人来说，子宫也要注意保护。内置节育器是这个年龄女人常用的方式，当然，安全套通常情况下也很安全。

· 20岁，性感是摩登女郎的迷你裙，内心的躁动在里头，雪白的肌肤在外头；

· 30岁，性感是花样年华里的旗袍，隐约的身体在里头，无边的风情在外头。

## 成熟的性感在于韵味，而不是暴露

璇子最近很烦恼，每天下班后都在为自己三周年结婚纪念日Party的礼服而频频流连于女装店，却始终没有碰到让自己眼前一亮的款式，这件颜色太暗，那件剪裁不好。其实来参加聚会的都是些私交不错的好友，也不必非搞得多么严肃正式，甚至有人提议不如像没结婚前的生日聚会时那样穿亮闪闪的超短，玩到High。

璇子当然也希望自己如好莱坞明星般光艳照人，可一时却还理不清头绪。犹豫间又试了一件导购小姐推荐的宝蓝色低胸晚礼服，站在镜子前看效果还不错，也实在不想浪费时间了，立即付了款打道回府。

那个夜风微袭的傍晚，明亮的宴会厅里，当来宾们都猜想着今天的女主角会以怎样的惊人装扮亮相时，侧门突然被打开，璇子在好朋友的陪伴下款款走进来。但是，她身上并没有穿那件新买的宝蓝色晚礼服，而是另一条淡粉色的旗袍样式的晚装，不冗长，不拖沓，当然也不那么暴露，可璇子迷人的身材却在这件礼服的包裹下显得凹凸有致，风姿绰约，迎着自己老公热切而欣赏的目光，缓缓走向舞台。

璇子当然记得自己将那件耀眼的新装捧回家的晚上，穿上后一个人在卧室里对着镜子站了很久，视觉上看没有哪里不好，纯正的颜色衬着她雪白的肌肤，低胸的设计所形成的隐约风情，绽放出最抓眼球的性感。然而，就是感觉不对。一瞬间她突然明白了，自己不是去走红毯，参加颁奖礼，虽然必须有第一主角的风光，但这风光应该超越表面的华丽与抢眼，是一个成熟女性含蓄却强大的光芒。即使没有露胸、露背、露大腿，但那种温婉、柔媚、玲珑剔透会超越所有的露点式效果。

我们需要懂得，女人真正的性感，可以突破传统的视觉审美，达到看似没有，却无处不在的境界。而能够参悟这种性感魅力的女人，是经过了年龄的进阶，经历的丰厚，渐渐达到用内涵与底蕴来擎起的一种风姿。

目前的这个世界，人们的思维越来越理性，可心却仍然感性，男人爱性感的女人，所以女人爱性感，我们也开始将性感的评价当做赞美。可是，在性感成为风潮的时代，误区所造成的困扰也不能无视。

我们不如来思考下面这个有趣的调查结果。一个身材匀称的女郎，穿着吊带背心、热裤、细细的高跟鞋，戴着夸张的大耳环，走在熙熙攘攘的街上，回头率会不会高？答：会。同样，一个身材匀称的女郎，穿着吊带背心，但背心外面罩了件别致的小开衫，也穿着细细的高跟鞋，但两只裤腿挡住了鞋面，让后跟更显得妖娆，这样的回头率会不会高？答：没有前一个高。可是，其回味率却是前者所无法比拟的。如果问男人们觉得哪个更性感，80%的男人会毫不犹豫地选后者。因为前者给人的印象有些轻浮无知，后者才是真正的女人，而“性感”两个字是属于女人的。长裤下可能就是笔直纤美的双腿，开衫里大概藏着完美诱人的胸脯，未知与隐约会给男人插上想象的翅膀，如果一目了然地尽收眼底，还有什么意思？

一位从事服装设计的朋友说过：“女人的性感跟穿什么有关，但也绝不是全依赖于穿着，而且并不是用布料越少越接近性感，主张女人露的可不是一般的服装设计师，而是内衣制造商。”

不知道看到这些你是不是也会有点感触，来自专业人士的解读，来自男人的评判，是否打破了我们对性感的常规定义？十年前你可以在误区里迷茫，即使你“露”出的那不叫真正意义上的性感，也可以被称为恣意挥洒的青春。可如果今天的你仍旧身陷误区，那免不了会让人觉得艳俗与过气。

成熟女性打造自己的性感韵味，可以从如下几方面着手，语言、神态、动作，当然，服饰与妆容也不可忽视。

柔和的语言是女人征服男人强有力的武器之一，温言软语的力量无形中会软化男人刚硬的堡垒，让他们欲罢不能，这种温柔的语言风格正是在突显女人无法抵挡的性感。静静地出神，甜甜地微笑，专注地工作，深情地凝望，这些都可以成为男人眼里的别致的风韵，神态里的高雅、恬静、含蓄、柔和所释放出的韵味会形成让人无法抵御的磁场。而有些小动作，诸如不经意地将头发轻拨颈后，无奈时耸耸肩膀，交叉双手轻抚肩头或后颈等都很妩媚，这些点点滴滴，平时多多积累，绝对没有坏处。至于妆容与着装，优雅大方更有利于展示熟女的魅力。

最后，隐约的风情会让人浮想联翩，回味无穷，要做就做一本让男人始终有兴趣却又永远读不完的书。

侧耳倾听

## 关于你的性感秘语

1.身为熟女，坦然地接受性感的评价，坦然地对待性感的变化，另外，既为打造性感而努力保持容貌与身材，也要用心培养属于自己的气质和内涵，这才是成就性感女人的基础与保证。

2.虽然我们主张性感的魅力不只是暴露那么简单，但并非让你整日捂得密不透风，“露”既要有资本，同时也是一门学问，了解自身的优缺点，知道身份、场合、礼仪等要素，你的性感才能表达得恰如其分。

· 20岁，我们总是静不下心来听别人的想法和意见，认为那是浪费时间，连妈妈的唠叨都烦；

· 30岁，我们开始懂得倾听是女人美丽的姿态，再配上专注的神情，就可以获得更多好感。

# 倾听，让女人释放静态美

安静与安心这对姐妹，真是有截然不同的性格，作为她们共同的朋友，我已经很好地抓住了她俩各自的特征，所以这么多年来，我们一直相处得很愉快。

通常，玩儿和逛街的时候，我会约活泼好动的安心，她快乐的样子让你玩起来无忧无虑，逛起来随心所欲，而这样的场合安静总会显得心不在焉。每次去图书馆或聊天的时候，我会约淑雅温婉的安静，我们即使对坐一下午都不厌倦，而这种情况下安心总是如坐针毡地想往外跑。

结果某次在咖啡吧和安静闲聊的时候，无意间遇到了我的一位异性朋友，我邀他过来坐，并给他们作了介绍。聊天的时间过得飞快，我突然想起有点事情需要处理，只好先告辞了。

晚上，竟然接到那位朋友的电话，让人吃惊的是他坦言对我的朋友安静一见钟情了。我在电话里大笑三声，问他为啥。他说："不知道你有没有注意到，在我们说话的时候，她安静地坐在那里，眼睛里流淌着如水的温柔，表情认真而专注，时而微笑一下，连酒窝都那么迷人。这种感觉，真的可以给人一种直逼内心的安宁与吸引。”我边听边忍着笑，实在不敢相信这是一个平时大大咧咧的理科生说出的话。

但放下电话后，我开始想安静那安静聆听的样子，说实话，不得不承认我朋友说得没错。很多很多次，她都是那样安然地坐在我对面，听我倾诉琐碎的烦恼，专注用心，不急不躁，听完后再给我送上温柔的安慰，充分地释放了一个女人因懂得倾听而产生的静态美。

诚然，日渐成熟的女性，已经过了唧唧喳喳叫个不停的年华。如果我们还从早到晚不停地说话，只会让人觉得聒噪或者唠叨。何不让自己看起来有内涵一些，能够平和从容地聆听别人讲话，听着他们透露心事，这会让你无形中成为朋友圈子中很受欢迎的人。这也可以使你的成熟气质很好地释放出来，让你具有与年龄相称的风度和优雅。

同时，倾听在社交活动中也有着不可低估的作用。如果希望自己成为沟通高手，那么首先就要做一个善于倾听的人。倾听代表着对别人的尊重和关注，是沟通的重要技巧之一，要想迅速地取得他人的信赖，这是最简单有效的方法。众所周知，成功的处世高手，通常也都是绝佳的倾听者。

记得我曾经问过一位朋友，“喜欢说话的女人和喜欢聆听的女人，你更欣赏哪种？”他毫不犹豫地回答：“聆听的女人。”他告诉我，善于聆听的女人，会让男人觉得温婉、柔和、善解人意，或许这个社会越来越多地接受了个性、热辣、中性、野蛮等，但是男人们骨子里还是喜欢温柔的女子。懂得倾听正是温柔的一种表现，这样的女人并不是软弱，反而异常聪慧。

她们知道，倾听可以缓解紧张的关系，在冲动的情境下，多说一句话都可能酿成大错，倾听无疑是更安全的方式。她们知道，倾听可以给对方留下深刻的印象，在热闹的场合，并不是最出风头的人最容易获得好感，相反静放的花蕾，会让人久久回味那抹暗香。倾听，让她们成为了智者。

那么，接下来我们提示一些倾听的技巧，以便在人际交往中可以将这个沟通本领运用得炉火纯青。

首先，倾听时要有良好的精神状态。当我们委靡不振，心不在焉地听对方说话时，会给对方非常不好的感觉，让人一下子就没有了倾诉的欲望。如果是有关工作内容的商榷与汇报，用如此态度来对待，恐怕会误了正事。其次，倾听要有耐心，别随便打断别人的话，这是一种有教养有内涵的表现。既然选择了倾听，为什么不能做出完美的礼仪行为，要及时用动作和表情给予回应。而且不要轻易用语言打断别人，但可以用点头、微笑等表情，来传达自己对于其谈话内容的兴趣，这样对方会了解到我们在听，既而有兴致继续讲下去。另外，还要注意适时适度地提问。当对方发表完看法或中途有较大的时间上的停顿时，你适当地提出一些问题，能够给予讲话者鼓励，也有助于双方的沟通。

总之，学做一个善于倾听的女人吧，它是我们对于别人最好的一种恭维，很少能够有人拒绝接受专心倾听所包含的赞许。而这种倾听的态度，会让女人如一株淡雅开放的百合，舒服，自然，耐人寻味。

侧耳倾听

## 把握倾听的姿态与尺度

1.虽然女性不时地展现一下倾听的姿态很有必要，但并不是说任何时候都可以牺牲自己的时间做他人情绪发泄的垃圾桶，根据具体情况来决定，何时耐心地聆听，何时坚决地说不。

2.女人通常喜欢表达与交谈，但当你聆听过别人的倾诉后，务必将它们埋在内心深处，要懂得尊重和保守别人的秘密与心事。

· 20岁，我们借一点儿青草的清新，便可以长出天使般的翅膀，留香整个校园；

· 30岁，我们要用一些独有的芬芳，生成女神般的高贵优雅，点染人生舞台。

# 找到属于自己的香水传奇

“怎样的香气可以穿越时空的隧道，岁月流转中仍然摄人心魄？怎样的芬芳能够固定生命的感动，万水千山里依旧徜徉不已？”

看到这样的话，你第一反应会想到什么？爱情还是回忆？不，这是在描述香水。

香水与女人的关系，就如同女人与镜子的关系，永远无法分离。它是女人的第二层皮肤，混合了你的气质，渐渐形成属于你的独有味道。有不少女人迷恋男人身上淡淡的烟草味，同理，男人对女人香也多数没有免疫力。闻香识女人，这说法多么感性，又多么暧昧。

香奈儿说过，不用香水的女人没有未来。这位时尚大师对于世界的贡献不只在于服装，还有闻名遐迩的香水传奇。如果说她的服饰解放了女性渴望自由与个性的身体，那么她的香水则是为女人增加了挥之不去的迷人魅力。而且，经典的香奈儿遇见了同样经典的玛丽莲·梦露，她睁着那双令全世界男人痴迷向往的风情明眸，以慵懒的声音让世人记住了一句恋物名言——“夜间我只穿香奈儿5号入睡。”面对这种让人难以抗拒的万种风情，难怪肯迪尼家族的两个优秀男人统统拜倒在她的石榴裙下。也正是如此，世界销量首位的香水香奈儿5号，一直是成熟女性的挚爱，看到这里，你是不是觉得自己也该有性感的味道了？

十年前，你可能还在读大学，可是已经开始希望自己拥有甜美的香气吸引男生的青睐，在光顾琳琅满目的女孩儿用品店时，目光难免会停留在各种漂亮精致的香水瓶间，捧回去的也多是散发着清纯气息的香氛，或许，那个时候的你，就该属于这种味道，当然也不太能承受得起成熟、优雅、自信，再结合世界品牌所凝结成的重量。

可是现在的你，是不是随着生活节奏的加快和略有麻木的心态，反而疏忽了酿造迷人的芬芳？以你现在的年龄和经济能力，完全可以并且应该找到一两款适合自己的品牌香水，慢慢形成属于你的独有气质，它们也许融入了你职场的干练气息，也许装点了你美好的婚恋生活，总之你的世界真的有可能因为它而变得芳香四溢。

迪奥曾经说过："香水是一扇通往全新世界的大门，所以我选择制造香水，哪怕你仅仅在香水瓶旁边逗留一会儿，你便能感受到我的设计魅力。我所打扮的每一位女性都散发出朦胧诱人的雅性，香水是女性个性不可或缺的补充，只有它才能点缀我的衣裳，让它更加完美，它和时装一起使女人们变得风情万种。

所以，下次再走进商场的时候，记得在香水专柜前停留片刻，你可以与Chanel N° 5、Lancome Tresor、Estee Lauder Pleasures、Guerlain Samsara、YvesSaintLaurent Opium、Dior Jadore、Issey Miyake 等会会面，闻闻它们的缤纷之香，体会一下瓶身设计的艺术之美。你可能不那么专业，搞不清各类香型，也分不清前调、中调和尾调，但一定会感受到此类香氛与廉价劣质香水绝对不同。那么，就找出适合于自己的那款，坚持用下去，慢慢地它会成为你的味道。

另外，搬回家里的香水，绝不是艺术收藏品哦，不能只用来看，而舍不得用。时间长了，再好的香水也会挥发掉。为了让最好的香水发挥出最好的作用，掌握一些香水常识还是很有必要的。

关于香水的用量，宜少不宜多。淡淡女人香才是品位的体现，满身浓重香气的女人免不了会给人留下恶俗的印象。因此在使用过程中，可以尝试少量多处的喷洒方法，在穿衣服前，让喷雾器距身体10~20厘米，喷出雾状香水，喷洒范围越广越好，随后立于香雾中五分钟，或者将香水大范围地喷洒在空气里，然后慢慢地走过香雾，这样可以让香水均匀地落在身体上，留下淡淡的芬芳。当然，“七点法”也很常见，首先将香水分别喷左右手腕的静脉处，用双手中最温柔的无名指轻触相对应手腕的静脉处，随后轻触双耳内侧、后颈部，并轻拢头发，在发尾稍稍停留，手肘内侧和腰的两侧也可以洒上一点儿，并沾取少量擦拭大腿内侧、脚踝等部位。

香水留香，女人有爱。做女人就要不断地挖掘生命里可以让自己愉悦的事情，比如此时，捧着瓶颈细长优雅的美丽瓶子，轻轻地喷一点儿在安静的房间里，让自己闭上眼睛舒缓地走过去，安心地感受香气的流动与缠绕，原来当女人真的很美好很美好。

侧耳倾听

## 闻香识女人

1.香水也是有灵魂和性格的，你的喷洒便承载了它生命的存在，所以请专一并善待它，滥用或将两种香水混用都是大忌。

2.浓妆配上气味强烈的香水，是最乏味和没品位的表现，男人们决不会因为这种制造了花卉市场般的壮观效果而真的对你多出一分好感。

3.虽然此处我们讲了很多香水的内容，但洁净清新永远是女人体香的基础，自然而然的味道，洗发水或沐浴露所散发的馨香，丝毫不比香水的迷人逊色。

· 20岁，去拍艺术照，摄影师说，美女笑一下，心里老大不乐意，那时候我们喜欢标榜个性，或者，故作忧郁；

· 30岁，去拍艺术照，摄影师说，美女笑一下，脸上配合地开出花，这时候我们希望展现甜美，或者，一路甜美下去。

## 拍套艺术照，邂逅更美丽的自己

每次走在商业街上，总被婚纱影楼的外联业务人员骚扰，他们会殷勤地请你过去坐坐，让你帮忙填写问卷，还承诺赠送小礼物。某次终究拗不过一位超级执著者，只好跟着她进了接待区，但我真的没有拍婚纱照的打算，于是，放下那些精美的婚纱照宣传册问：“有艺术照的样本吗？”

她立刻捧来好几本，翻看着那些制作华美精良的相册，一种别样的气息扑面而来，不得不承认那真是美的世界。其中包括时尚的主题、个性的主题、怀旧的主题、清雅的主题等等。每个主题都宛如一部或青春或热烈的电影，让唯一的主角在里面得到了最大限度的发挥和最完美的释放。

瞬间就动心了，也突然意识到真该为自己拍一套艺术照，留住尚存的美丽与美好。此时的我们，站在青涩与成熟真正交接的年龄，也勉强可以扎起马尾，化化淡妆，穿着棉布裙，还原出几分校园女生清纯的模样；更可以盘起长发，穿着曳地的礼服，带着淡定的笑容，尽展成熟女性的优雅；还能够戴着璀璨的宝石，涂上蔻丹，媚眼如丝，举手或回眸间写满了独有的风情与诱惑。

就那样一本本地翻过去，也似乎了解了一个个女人不甘寂寞不甘放弃的美丽追求。从里面出来的时候，我手里多了一张单据，那是我送给自己的礼物，下周末，我将再次走进来，化不同的妆，换不同的装，配上各种表情与心情，来演绎一次只属于自己的华美盛宴。

上帝给了女人一个可以承载灵魂的躯体，也给了女人一个可以承载记忆的灵魂，所以在任何时候，我们可以以任何形式，来留存身体美好的印迹，并驻进心灵深处，与生命的回忆同在。

那么，趁着美丽尚存，赶紧把这些记录下来吧。对自己的身体迷恋和欣赏的女人，是深深地懂得生命、懂得爱自己的女人。在我们对青春的恋恋不舍里，选好你想表达的主题，自信地走进摄影棚，这样，关于你的记忆便会完美地定格，从此我们就拥有了一种可以随时满足视觉和想象的纪念。

如果你是个大胆而有尝试精神的个性女人，也可以考虑去拍一组人体写真。毫无疑问，人的血肉之躯最具美感，绚烂如花。所以人体的艺术美并不低级下流，即便裸露，也是对于美的表达和解读。无论是优美的曲线，自如的动作，还是弹性的肌肤，温热的体温，都有着最灵敏的感应，最富饶的风情。当这样的躯体在天鹅绒上做一个自然的睡姿，在沙滩上穿着性感的比基尼，在花瓣式的布景台上如花一样缓缓开放与收回。美，也许会达到让人惊叹不已的极致。

此时，你的心里是否也充满了惊喜与渴望？那么去尝试吧，在你还有不少可以展示自己美丽资本的时候，清幽地开放一次，或浓烈地绽放一回。当然，去之前你还需要知道一点点小常识。

无论拍普通的艺术照还是有挑战性的写真集，你都要先对自己的身体负责任，洗好头发，洁净身体，保养好皮肤，褪去身上的最后野蛮，尽量找一个自己精神状态最好的时候去拍。在镜头前你可以事先表达清楚自己的想法和愿望，但具体操作请务必配合摄影师的要求，他们的经验与审美能力，会让你的美达到优化效果。不做作，不扭捏，认真，专注，放松，自然，别忘了你的每个神态都将有可能在相册上定格。

最后，设想一下，十年后我们会不会翻着这些照片笑着感叹，看，我曾经如此美丽呢。然后，让光阴如水一样铺展在我们的记忆里。

### 侧耳倾听

## 优选性价比高的影楼，让回忆也精致

1.艺术照可以伴随着我们成为一生的纪念，所以尽量找个口碑不错的影楼拍一组尊贵的照片，这不但会让我们感受到摄影效果的优质，后期制作的精良，在化妆与服装上也会更合心意。

2. 精明的女人要学会聪慧地应对影楼小姐的销售策略，以自己的意愿选择喜欢的照片，没必要为摄影师所有的拍摄埋单。另外，不少附加收费条款也需事先有点了解和心理准备。

· 20岁，我们本能地喜欢那些美丽的、可爱的、精致的、绚彩的事物，因为此时的年华正好匹配它们的美丽；

· 30岁，我们也不要躲避那些美丽的、可爱的、精致的、绚彩的事物，因为此时的气质仍然可以匹配它们的美好。

## 不放弃对美好事物的追求

很多年前的某个电视剧中有个镜头，我一直清晰地记得，外表严肃干练的教导主任，竟然在办公室的抽屉里收藏了小秘密，每当烦恼、忧愁、郁闷、无助的时候，她的手总会不自觉地伸向那个倒数第二层的抽屉，有时她也不想那么做，所以手指经常突兀地停在拉手上，但最后还是会情不自禁地打开。那么她的抽屉里究竟装着什么呢？

一支淡粉色的口红，一个漂亮的记事本，一张卷起来的小字画，一条晶莹美丽的手链。你看，无论平时看起来多么一丝不苟、铿锵有力的女人，无论年龄给她们带来了怎样的成熟与沉稳，其心底都会拥有着属于自己的柔软而浪漫的女人世界。

这个世界里，可能有绿色的夏日，生长着青青河边草，有校服的裙摆，带着梦里花落知多少。这个世界里，可能有粉红的回忆，hello kitty，芭比娃娃，还有数不尽的可爱小饰物，那是每个女人都不愿遗忘的少女梦。这个世界里，可能有蓝色的永恒，有被海风吹乱了头发的照片，有逐着浪花的笑颜，希望展着风帆，登上远去的航船。这个世界里，可能有白色的光芒，与谁并肩看过雪，踏出一串清晰的足迹，又与谁在落雨的日子，凝望成纯白的天使。

爱美是女人的天性，有着美丽情怀的女子，像一曲悠悠古筝，如一幅水墨丹青，让人神往，又耐人寻味。走过30岁的生日，我们是不是真的将一天天地老去了，慢慢地变得琐碎、世故、庸俗、现实？我们是不是开始更多地在意金钱、权力、地位、利益，却往往忽视了美的存在？我们这里所说的美，不是脸蛋漂亮了，就拥有了美丽，而是不能缺失欣赏美和发现美的心境。这种意义上的美，才是女人生命里不应该忽视的风景，它与我们的气质、优雅、心态、韵致紧密地相连。

那么，就让我们找出一些空余时间，走近那些美好的事物，跟随它们掀起浪漫的寻美之旅，同时去拒绝一生最初的苍老。

书香。才情是女人最好的装饰品，袅袅书香，会养育出女人兰心蕙质的清丽，成就与日俱增的灵光与聪慧。书籍本身便是一种美丽的事物，轻轻翻过一张张纸页，真的是在触摸着让人无法言说的美妙。

字画。琴棋书画，可以说是古代闺秀多才多艺的表现，在现代社会里，它们仍然是女性陶冶情操的美好事物。自己动手也好，欣赏别人的作品也罢，都可以提升女人的艺术品鉴能力，还能培养出一份淡然与从容。

音乐、舞蹈。无论是高山流水，还是梅花三弄，无论是古典音乐，还是现代曲目，能够经常地沉浸在乐曲的洗礼中，有利于让心灵变得更加宁静与纯净。舞蹈不仅塑造了女人的形态之美，也提升着气质之美，而欣赏和感受这样的美，本身就是件美丽的事情。

插花。女人的生命应该是鲜花装点的生命。花卉常常会给视觉和嗅觉带来最直接的享受。有兴致学习插花的女子，多数天性淳朴、热爱生活，这项技艺既可以陶冶人们的情操，也能形成对艺术的感受力。

茶艺。看过茶艺表演的人，都会惊叹于那种优雅而高超的表现，在宁静悠然的茶馆里，一边细品集中了天地之灵气的幽幽香茗，一边欣赏着茶艺师的现场展示，应该是忙碌的生活里最惬意的事情之一了。爱茶的女人，会得到许多意想不到的益处。

咖啡。咖啡有两种美德，一是温暖，二是润泽。它是很多女人的挚爱，尤其深得时尚女性的专宠。闻着它冒出的袅娜香气，看着它醇厚的温润色泽，感受一下咖啡时间的情调与品位，真是一种人间说不出的美好。

红酒。当红酒被盛于美丽的高脚杯里，那种剔透的美往往令人无法抗拒，女人的纤纤手指端着杯子，香艳的红唇轻触杯沿，慢慢地品红酒的甘醇，连眼神里都会生出酒不醉人人自醉的情态与风韵。

玉饰。玉饰对于许多女子来说就像情人，经历着时光的打磨与厮守。不管开始如何，结果如何，总会给人一种紫玉成烟的美感，还有美玉无瑕的佳话。能配得上玉饰的女人，大多是有种特殊纯净气质的女人。

香水。香水给女人的感觉最耐人寻味，女人捧着它就像捧着珍贵的宝物，那涓涓泉水般的清幽，那芬芳四溢的浓郁，那沁人心脾的性感，那轻风拂过的优雅，无一不是香水缔造的传奇。

小物件。女人对那些可爱的小物件通常没什么抵抗力，毛茸茸的玩偶，美丽的发夹，漂亮的零钱包，精致的小首饰等等，它们构成了女人斑斓而绮丽的小梦幻，女人在面对和拥有这些的时候，不知不觉间就会变得很柔软很放松。

美丽的事物会给女人加分，女人在看到美丽的东西时，也会让心情变得美丽起来，眼睛里同时盛满了幸福与惊喜。

### 侧耳倾听

## 坚守自己的审美智慧

1.生活中从来都不缺少美，而是缺少发现。女人请用善于发现的眼睛，点亮自己世界里的光彩。

2.可以喜欢美好的事物，但不要过于迷恋包装绚丽的东西，真正的美丽和华而不实是两个概念，而且，这点也适用于对待男人的态度上。

· 20岁，我们爱装，爱酷，爱跟风，爱做前卫控，我们眼中的流行，就是心中的经典；

· 30岁，我们爱走，爱看，看比较，爱做优质女，我们心中的经典，已不再是眼中的流行。

## 不只懂得流行，还要懂得经典

夏天，我去表妹的学校里看她，去之前并没有提前联络，独自一人很随意地走进校园，只是想重新体验一下那难忘而美好的大学时光。在栽满梧桐的路上，两旁是林立的宿舍和教学楼，学生们络绎不绝地从此经过。这是一个师范类院校，女生很多，在她们身上，你很容易看到这一季的流行元素。

演绎流行，不在于你有多么强大的经济支撑力，明星们的衣着打扮引领着时尚的新潮流，但未完全经济独立的年轻女孩儿们，对流行的追逐也丝毫不逊色于任何人，这说明能够流行起来的不只是品牌，还有元素，前者令人咂舌，后者却很亲民。

十年前，我们最喜欢的地方是逛某些有特色的小店，那里琳琅满目的商品无不彰显着时下流行的新趋势。周末约上三两个好友，一家一家地走，一件一件地试，不厌其烦，兴致盎然，经过讨价还价，然后大包小包地拎回去。虽然日后在学校里，不时便会看到与自己穿得像姊妹花似的同学走近，也并不介意，反倒偷偷地比较一番，自认为自己穿得比对方好看，窃喜。这便是流行，流行本身就代表着一种张扬，与同样张扬的青春相得益彰。

十年后的今天，我们可能也会去逛逛某些小店，但已经远远不是最初的心态，也不再是最爱了，只是完成对少女情结的一种缅怀，或者慰劳一下疲惫的眼球。在那里，我们开始抱怨购物环境的狭小压抑，开始质疑服饰的品质度，开始想这种设计可不可能在品牌店里找到，会不会幸运地碰到折扣，这时，你是否发现，自己真的长大了，已经意识到不能胡乱穿衣，工作几年之后也小有积蓄来支撑体面一点儿的物质生活，虽然有的时候，还会在迷惘之间不知所措。

这，便是30岁女人的心态，也是我们此时应该真切地面对的问题，继而引导它有一个正确的走向。

毫无疑问，时尚的东西你必须懂一些，从不关注时尚的人既无法很好地融入到身边的社会环境中，也容易缺乏将自己打扮得光鲜靓丽的一种手段。如果今年流行长款的无袖毛衣或者领子蓬大到取代了帽子的羽绒服，那么不妨去买一件来穿。就算你所生存的严肃的工作环境不太适合于它的出现，那么在八小时之外的聚会和约会时让它登场，它会帮你展示出甜美的小女人风情。

平时多翻阅最新的时尚杂志，有空多浏览相关的网页，流行趋势大多尽在其中了。但当我们关注流行的时候，要意识到不能为了紧跟流行而盲目冲动。第一，流行的速度我们永远跟不上；第二，只懂得紧跟流行风无益于形成我们的品位与深度。

成熟女性，对于时尚应该有自己的理解和认知，懂一些流行，更要懂一点儿经典，探索出自己的风格。

经典的东西经过岁月的洗礼和沉淀，会散发出历久弥新的璀璨光彩。在时间的检验下，它们会离成熟的标准更近，因此也更能契合成熟女性的魅力形象。

赫本是经典，赫本的小黑裙更是经典中的经典。对于追求优雅的熟女们来说，一件无论多么闪亮的蛋糕裙也不及一条精致的黑裙更能秒杀目光。

所以别再犹豫了，当你烦躁不安地感叹着青春渐逝，无法一直坚持可爱风，不如去逛逛精品店，在经济能力允许的条件下，把三两件传说中的经典搬回家。

Chanel、Givenchy、Versace、Gucci、D&G、Armani、LV、Dior、Hermes……不要只是在时尚书籍与杂志中与它们会面，真切地亲近一下，让它们与你达到完美的肌肤相亲，你会充分地感受到世界品牌带给你的惊喜与魔力。

一条黑裙，一件白衬衫，一条做工精良的长裤，一款简洁大气的风衣……请不要认为它们过于低调和缺少光芒，这些单品不仅可以百搭，还是永不过时的经典之选。时间越久，你越会发现当初你咬牙买下的那件昂贵衬衫该是多么划算，这样的决定又有多么正确。

穿衣之道，各有其道。只要记住，女人穿衣，穿的不是花枝招展，也不是单纯的流行与时尚，还代表着一种成熟的心智，一种自信的态度，一种提升自我的风格。

侧耳倾听

## 找到专属自己的风格

1.不管追求流行还是塑造经典，着装都是一门大学问，它跟年龄、身材、场合等都有密切关系，和谐是一条不变的准则。

2.要多阅读时尚类杂志，要常去名牌店里逛逛，要多交些比你品位高的朋友，总之，要舍得花心思和金钱在自己身上。

3.香奈儿曾经说过，没有永恒的时尚，只有风格永存。

· 20岁，面对衣橱，往里搬的数量可以高于往外搬的数量，因为需要形形色色的流行服饰装点我们的生活；

· 30岁，面对衣橱，往里搬的品质要高于往外搬的品质，因为需要拿得出手的品牌服饰优化我们的生活。

## 剔除衣橱里的廉价衣物

“无论什么时候，女人的衣橱里永远缺少一件衣服。”

坦率地说，这句话你也深有体会吧？正因为如此，所以女人爱上了逛街，要不停地去看，去试，去将喜欢的搬回家。但是，为什么在我们需要时，却还觉得没有衣服穿？

就像美女秦宁，为此竟差点与老公吵起来，起因是她为了陪老公参加同学会而翻箱倒柜了一上午，也没选中满意的衣服。其实打开衣橱，她的衣服真的不少，绝对能占到70%的比例。可是随着一件件地套在身上，又一件件地被送回去，真是让人越挑越失望。一旁早已穿戴整齐的老公终于无法忍耐，禁不住催促她快一点儿。秦宁叹着气抱怨没有衣服穿了，其实心里暗暗期待他说“明天陪你去逛商场”。结果却听他问：“你几乎每周都给自己买衣服，难道现在连一件合适的都找不出来？”

“大小合适的有很多，但这种场合怎么能不追求完美，让自己黯然失色呢？还不是因为我平日里对价格过高的服装从来都敬而远之。”秦宁的心情也很郁闷，忍不住顶了回去。两人你一句我一句，围绕着衣服的事情竟然越说越激烈，最后秦宁随手捡了条素色连衣裙换上，生着闷气上了车。车开到一半时，她的气也消了一半，同时心里也已经悄悄地作出了决定。

第二天秦宁没有去逛街，而是老老实实地待在家里对自己的衣橱进行一次绝情的减肥行动。上午的阳光柔和地洒在卧室宽大的双人床上，床上堆满了各种各样的服装。秦宁坐在这些衣服中间耐心地一件件地挑，真是不收拾不知道，有些衣服竟然三年都没穿过，还有好多是买回来就后悔的那种。有些可能只穿了一两次，但洗过之后因为变形和掉色等原因而一直被搁置。

就这样，她边挑边试，花了几个小时的时间，对所有的衣服进行了归类整理，质量不错样式也很好的挂回衣柜里，对于那些连平时都上不了台面的廉价衣服坚决地摒弃。收拾完后秦宁看着自己的衣橱没有太多的心疼，反倒露出了如释重负的笑容，里面整洁简约了好多，空出来的位置以后只留给高品质的服装。

有没有注意过，现在你的衣橱是不是也如秦宁没整理前一样？那么还不想赶快动手作一次大清理吗？难道真的要等每次需要合适的服装时再急三火四地去找，结果却翻不到一件中意的？不要舍不得，放弃那些廉价的衣物，虽然它们浪费过你的金钱，但没有理由再继续浪费你宝贵的时间和精力。

女人，要尽力让自己穿得好一点儿，不单指好看，品位更重要。30岁的女人，应该通过服装来展示自己的成熟、优雅、大方、得体，这才是属于这个年龄的魅力表达。一件样式新颖的廉价小衫，穿在20岁女孩儿身上或许是种个性和青春，然而穿在30岁女人身上就会不那么协调，气质有时也真的会通过衣装表现出来。

成熟的职业女性更是要注意展现自己的优雅与干练，注重服装与所从事的职业和职务的协调性，最好能够体现出女性刚柔并济的特点。从面料上看，选择天然并优良质地的面料，看起来摸起来手感都会特别好；从色彩搭配上看，宜以冷色调为主，身上不宜超过三种颜色，这样有利于打造职业女性的端庄与稳重；从样式上看，适合选购简洁大方，又可以在某些小细节上具备亮点的服装，当然契合于身体是第一要素。

所以，衣服最重要的不只在于款式和造型，好的衣料同样是重点。一件质地优良、做工精细、设计简约的衣服，会为我们的女人味增色不少。无论你是职业女性还是非职业女性，都可以考虑为自己的衣橱添置以下行头：一件针织开衫，它结合了保守、性感与优雅等众多元素，可谓经典造型。一件实用的短外套，无论配T恤还是衬衫，都会显得轻盈而且女人味十足。一条长裙会尽显女人优雅、脱俗的淑女气质。一件经典的风衣，会塑造出相对成熟的气息及永恒的优雅格调。还可以有那么两三件皮草大衣或披肩等奢侈品，这种雍容正代表了成熟女人的生活方式。

爱美如你，那就耐心并狠心地清理一次衣橱吧，它会给你惊喜。我们对待服饰的每一个细节，都应该像对待社交礼仪般认真。

侧耳倾听

## 爱衣如爱己

1.女人一定要算明白这样一笔账，价格高的品牌服饰，无论从它的利用率、提升度，还是从对你信心品位的塑造上来讲，都比廉价衣服划算得多。

2.提倡穿品质服装，不只是在说外衣，还包括与女人身体最亲密的内衣，这是女人宠爱自己最直接的方式。把那些低廉、松垮、变形，甚至陈旧破损的内衣扔掉，去精心挑选最契合身体的那层皮肤。

3.要培养衣橱管理意识，它也是生活管理的技能和艺术。每个月找时间把服装进行分类、搭配、整理、清除，这样在你需要它们的时候，就会一目了然了。

· 20岁，高跟鞋对于我们来说，可有可无，有的话美丽妖娆，没有的话也轻盈洒脱；

· 30岁，高跟鞋对于我们来说宜有不宜无，有的话女人味倍增，没有的话总是忘记收腹提臀。

## 只有高跟鞋才能踏出的优雅与风情

提到高跟鞋，你第一反应会想到女人和她们纤细的脚踝吧？其实，最初的高跟鞋是为男人发明的，在当时的男权社会里，穿上它，能够进一步增强那种高高在上的地位。可是很快他们就发现，高跟鞋这种东西看起来蛮好，驾驭起来还真有些麻烦。穿着高跟鞋走路难免会摇摇摆摆，这不但没提升他们的权威，貌似对其稳固的形象还产生了挑战，于是决定果断脱掉，想想扔了可惜，行了，那就送给女人吧。

然而没想到的是，女人一穿上高跟鞋，世界竟然跟着发生了变化。原来那些邋遢倦怠的女人不见了，原来那些粗糙笨拙的女人不见了，原来那些无精打采的女人不见了，行走在世间的女人们个个婀娜多姿，摇曳生辉。她们轻摆着灵活的腰肢，随着纤纤玉足的交错递进，脚下奏起了活色生香的曼妙乐章。从此，女人爱上了高跟鞋，男人爱上了女人。

看到这里，你会笑吗？姑且把它当成一个高跟鞋的八卦起源，但是它所引出的女人与高跟鞋的渊源却并非没有道理。女人与高跟鞋的关系，就是这么亲密，就算高跟鞋很有刑具的嫌疑，它却还是女人的最爱之一。

也许在情色世界里，高跟鞋还可彰显一种诱惑力。坦白地说，应该有不少男人迷恋高跟鞋和穿高跟鞋的女人，甚至穿着高跟鞋上床的女人。其实，高跟鞋对女人的吸引力同样很大，不然为什么十几岁的小女孩儿，也会偷偷地穿上妈妈的高跟鞋，虽然鞋子比自己的脚大了好多，但还是窃喜着走来走去。无疑，小时候我也干过这事，可长大后反倒不愿意穿高跟鞋了，总是偏爱简洁和轻便。

但某天还是被一位学姐结结实实地教育了，她看着我那些圆头圆脑的可爱平底鞋，说："女人怎么可以不穿高跟鞋？这真是可怕的事情。"那天她陪我逛了很久，买了好几双高跟鞋，回到家我把它们摆到桌子上，真的像艺术品一样精美。而在成为成熟女性的年纪，也真的越来越意识到高跟鞋的重要。这时候的我，不可能再每天随心所欲地穿休闲装，穿棉布长裙，配着平底鞋就可以一路清纯。职业装或晚装，如果没有合适的高跟鞋来搭，简直比正式场合里男人穿西装却配错了领带还糟糕。

一个注重打造自身魅力的职业女性，每个季节至少要有四双鞋子，来搭配不同颜色和款式的衣服。这里不包括运动鞋和晚装鞋，只是你的常用品，当然，主要指的是高跟鞋。同时，鞋子的质量一定要好，2000元的鞋子和300元的绝不一样，它不但会呈现出高贵感，而且穿在脚上的舒适程度你会切身地体会到。高品质的鞋通常是手工制作的，制作者会力求每道工序尽善尽美。意大利的纯手工定制鞋，要经过多达300道工序的雕琢，品质如何便可想而知了。

虽然我们提倡女人穿高跟鞋，但并不是说鞋跟越高越好，就算可以为美丽作出点儿牺牲，也不可完全置健康于不顾。所以，尽量不要选择超过5厘米的鞋子作为常用鞋。要想高跟鞋与形体完美统一，务必要考虑舒适度的问题，穿着不合脚鞋子的女人走起路来怎么会美呢？正装鞋建议选择3~4厘米高度的小牛皮鞋，既端庄大方又容易搭配，颜色以中性色为主，尤其是黑色，适合于搭配很多色调的衣服，包容性较强。为聚会等特定场合的服装所选择的鞋子，可以突破这种高度的限定，毕竟聚会不是每天有，自己偶尔大胆秀一次不为过。

当你选好了适合又心仪的鞋子后，不妨再注意一下穿着技巧。鞋也是有生命的，你们要彼此磨合，才能找到人鞋合一的默契。女人优美的姿态，真的在很大程度上与高跟鞋有关，穿高跟鞋与穿平底鞋走路的感觉完全不一样。当你穿着高跟鞋款款而行时，并不是只增加了几厘米那么简单，是不是整个身体都跟着挺拔起来？这时候的你，不由自主地收紧了小腹，伸直了膝盖，将重心自然地由脚跟过渡到脚尖，让步履变得更轻盈和袅娜。弯腰、驼背、腆肚子，所有的不雅姿态全都不见了，此时你的玉足正述说着女人最性感的风韵与情怀。

天后王菲对于高跟鞋的迷恋属于骨灰级，几百双鞋子虽然不能全部踏入歌迷的眼界，却可以在属于自己的生活里尽情地舞蹈。她大爱过一个品牌，因为这个品牌让她记住了这样一句话——让男人远去，让高跟鞋留下来。

那么，爱上高跟鞋吧。就这样走下去，在高跟鞋完全属于女人的年代，你踏出的每一步，既是男人举目驻足的风景，也是对他们充满诱惑的挑战，更重要的是，它会是你一生的舞伴。

### 侧耳倾听

## 让优雅在足下绽放

1.作为自由的女人，你可以不喜欢高跟鞋的束缚，但是必须会穿出它的风情和应有的姿态，它既是你服饰性格的一部分，也是你品位世界的装点。

2.有时候高跟鞋带给女人美丽的同时，也的确会带来痛苦，所以你更要购买高品质的舒适鞋子，而且不要长时间穿鞋跟过高的鞋，适当地解放双脚，多给它一些按摩与呵护。

3.听过这样一句话，永远不要相信一个穿着破皮鞋和不擦皮鞋的人，所以，鞋子的保养也很重要，让它在你的脚上也像艺术品一样精美吧。

· 20岁，我们可以一周换七个包包，什么牌子不重要，要的是一种新鲜明快；

· 30岁，我们需要找到几个经典款，华丽与否不重要，要的是一种沉稳优雅。

## 至少有两款名牌手袋

在街边等人的时候，坐地铁上下班的时候，有时闲得无聊，便会悄悄打量身边的人消磨时光。一般来说，和看他人穿什么相比，我更愿意看女人们背的包包，然后再根据手袋猜测她们的年龄和职业特点等。

背着亮闪闪华丽丽的时尚小包的人，可能是刚刚工作的年轻女孩儿，那里面应该装着她们必备的手机、镜子、唇彩、睫毛膏、粉底液等包罗万象。背着看起来很低调品质却上乘的包袋的人，应该是那种拥有了自己品位与风格的成熟女性，她们可能做着公司的中层职位，所以更注意自己身上的每一个细节，力求优雅与沉稳。还有拎着大大的电脑包的女性，她们可能从事技术或创意性的工作，多数头脑灵活，不拘小节，个性稍强，笔记本就是不舍不弃的宝物。

就这样慢慢地观察着，揣摩着，想着女人们的手袋还真是个别有洞天的世界。它作为女性重要的配饰，无形中体现着某些内涵。要让一件普通的套装与众不同，有个稳妥的办法就是拎上一个高品质的手袋，当然如果你觉得华丽的外套太高调，也可以选择拎低调的手袋来平衡。

由此可见手袋对于女人的重要，尤其是30岁以上的成熟女性，有必要考虑让名牌手袋走入自己的服饰世界，它会为整体形象的塑造带来意想不到的点睛之笔的作用。

因此在这里，我们建议女人应该有几款优质手袋，其中包括两款世界品牌，来满足正式场合的需要。

一个好品质好品牌的正统经典坤包，能够用来和都市套装与正式职业装相配，最实用的选择应该是黑色的牛皮包，简洁的设计加上点睛的环扣，尽显女人高雅的品位。当然彰显品位的还有它的牌子，LV、Prada、Hermes、Gucci、Chanel哪一个都可使眼球发亮，当然价格也会令人咂舌。

一个适于晚间、晚宴和晚礼服的小巧精致的手袋，宛如体现着女人优雅的首饰一样不可缺少。在设计上应该足够漂亮，颜色明亮夺目，可以配上珍珠或小钻石，高贵之感不言而喻。这样的手袋将与你的晚礼服相应生辉。

一个大一点儿的提包，是旅行时候的必备品，也可以偶尔用在休闲时，当你出差或者旅游的时候，它一定会为你提供最贴心的服务。

夏天是缤纷可爱的季节，为这个季节准备一只米色的草编小手袋，会让夏日的你变得清新凉爽。这样的手袋对于棉布或亚麻的衣服来说非常适合。

女人对漂亮东西的追求和欲望总是在不断膨胀的，所以包包当然是多多益善，可有一点不能忽视，包袋需讲求质量，粗制滥造的过多倒是种浪费。

如果你的手中已经拥有了几款经过精心挑选的漂亮包袋，接下来便是考虑如何能让它们在不同的场合配合不同的服装时发挥得更好了。

包袋与服饰在颜色搭配上应注意这样一些细节：一是让包袋与服装呈协调色，也就是包袋应该与服装的主色调相一致；二是让包袋与服装呈对比色，如浅色的衣服，深色的皮包，这样两者都会很醒目；三是让包袋与服饰中的某一样呈呼应色，比如包袋与鞋子、围巾、腰带等同一色彩，整体上看会很协调。

对于职业女性来说，可以购置一些黑色、咖啡色、枣红色等颜色较深的皮包，这种色彩适合与多种颜色的服装相配，而且给人以稳重干练之感。由于夏天浅色的服装较多，也可以备一款白色的包包，心情也会随之清雅起来。

除了与色彩的搭配外，包袋还要与人的体形成比例。身材高大的人拎着一只过于小巧的手袋会显得滑稽，而身材矮小者背一只超大的包包也会显得沉重。

手袋对于我们来说，绝不只是用来装东西那么简单，它是女人的实用物品，还是不可或缺的装饰物，更是女性服饰魅力的重要一环。我们所提倡的要去选购名牌手袋，也不是在怂恿奢侈消费，而是希望可以找到经济条件允许情况下的正确消费态度，同时我们也会真正地感受到由此带来的更多的贴心与快乐。

侧耳倾听

## 让手袋助你散发自然优雅的气场

1.手袋作为奢侈品中的必需品，在购买的时候应该慎重考虑，只注重式样而一点儿都不实用，也不划算，别只问自己想要一款什么样的包包，还要问问自己适合于什么样的包包。
2.如果你是喜欢新鲜感的人，可以随季节和服装的搭配买一些时尚的手袋，但是手中一定要有适于正式场合的经典款，且容易搭配多种服装。
3.成熟女性手中拎的不再只是抢眼与张扬，而需要添加更多的从容与优雅。这也是要放眼于名牌的原因之一。

· 20岁，我们挺得起胸膛就是骄傲，转身即为风景；

· 30岁，我们禁得起岁月的洗礼和自然规律的打磨保全着骄傲，隐约也含风情。

## 健美的胸部是熟女的骄傲

如果评价女人身体的性感部位，胸部绝对会当仁不让地排在前列，男人对女性胸部的迷恋可能源于婴儿时代的哺乳期。母亲的乳房，曾经支撑了一个小生命最初的存活与生长，而随着时光的推进，昔日的男孩渐渐长大成人，但他们对于异性身上不同于自己的部位永远充满好奇、欣赏和渴望。

在男人们探索与追逐的目光中，女性从少女时代羞涩地低头含胸，到现在想尽办法保持其傲然挺立，这也正是现代女性希望展示成熟与魅力的态度，那么，我们除了希望它美观之外，是否真正地想过去了解它呢？

不过，你可以试试，每个月的生理期后找那么一天，沐浴后先别急于穿上衣服，坦然地站在镜子前，刚刚被氤氲笼罩的玻璃可能还残留着朦胧的水汽，拨开水雾，你看到的是自己清晰的身体。不管美与不美，不管是否合乎心意，你都有义务正视它，因为它是你生命与灵魂的载体。

接下来仔细观察自己的胸部吧，由于遗传、生活习惯等方面因素的影响，不是每个女性的乳房都能达到理想与完美的程度，这些不必过分在意，你需要在意的是它和以前比有没有什么特殊的变化，双乳是否对称，有无不明突起或塌陷及可疑溢出物，然后再用你的双手沿双乳的形状进行指触，看看是否有硬结，是否有痛感。当你做完这些，也就做完了一次对乳房的自检。这种自检对成熟女性来说非常必要，如果你每月都能坚持，也是对自己的一种负责。你可能不曾看过那部弥漫着乳腺癌阴郁气氛的电视剧，可能也不曾注意过关爱女性健康的粉红丝带行动，但你却没有理由不爱自己，不在意自己。

在欧美国家，由于体形和饮食方面的因素，那里的女性患乳腺疾病的比例远远高于亚洲女性，但是乳腺癌的死亡率却很低，原因就在于外国女性比我们更懂得正视自己的身体，尤其是某些特殊部位。她们思想观念里的开放态度，虽然让她们很早熟，但也帮她们形成了坦率的精神，这种了解不仅使她们密切地关注着自身的健康变化，同时还有利于参悟怎样演绎女人的风情。

而我们，的确也在“熟女当道”“修炼魅力女人”这样的口号下知道罩杯要升级，低胸装可以更好地释放诱惑，但仍然有很多女人，对乳房的重视与养护态度并不积极。我们是否每年到医院作一次乳腺检查？你是否定期到美体馆做专业的美胸护理、颈部和胸部的淋巴排毒？是否购买了适合自己的高品质文胸？……这些不只代表着对健康的观念，还在培养着我们的审美意识，更是女人宠爱自己的方式。

珍视胸前的骄傲，是女人从发育开始一生都要坚持的事情，我们之所以提示30岁女人特别在意，是因为你的乳房从这个年龄段开始，将会如你的肌肤一样经受岁月的挑战，虽然胸部皮肤不会像眼角般那么容易老化，但地心引力对它的作用却不容忽视，生育和哺乳对女人的乳房也是一次重塑的过程，所以，作为熟女的我们，不允许自己那么明显地老去，应该努力地留住这份特别的美丽。

将特别的爱给特别的“它”，你不妨尝试形成下面这些习惯，或掌握如下小方法：

淋浴时，可让蓬头的水柱直接冲击胸部至少一分钟，这是一种很好的水疗方式，但水温不宜过高，27度左右为宜；洗澡后，坚持用精油或植物型健胸霜对乳房进行5~10分钟的按摩，之后务必涂抹适量保养品；一定要去有品质保证的内衣专柜，亲自试戴后，选胸围和罩杯均适合自己的文胸；注意时刻保持正确的坐、立、行、卧的姿态，走路时抬头挺胸，睡觉时避免俯卧；坚持运动，扩胸锻炼和游泳会让胸肌得到充分的舒展；饮食结构要合理，不过度节食，每日保证食用新鲜蔬果和低脂肪食品。

如此在意之下，身体会呈现给我们一个健康的乳腺和美丽的胸部。即使它可能养育过生命，也禁得起岁月，也赚得住男人的目光。30岁并非身体衰老的开始，积极地行动起来，它完全能够成为青春的延续，也是真正绽放成熟魅力的起点。

侧耳倾听

## 性感的基础是健康

1. 如果你有家族乳腺病史，请千万要特别注意，每月自查和定期医检是绝对有益的事情，另外，你还应该少吃点可可类食品，多亲近果蔬等高纤维、低脂肪、富含维生素的食物。

2.对自己的胸部不满意，想通过植入的方式对其进行改造的人，请务必慎重考虑，严谨选择。自然的东西可能不全是美的，但通常更健康，不要冲动地为了美而付出惨重的代价。

3.既然我们将乳房说成是胸前的骄傲，那么就真的以它为傲吧，让它诠释出女人独有的风情。根据自己的胸部特点，选好合适的服饰，性感与美，其实就这么简单。

· 20岁，我们可以爱吃，爱动，即使胖一点儿也会被称为可爱的“婴儿肥”；

· 30岁，我们通常有了婴儿，如果再肥下去，连自己都不会觉得可爱。

# 永远不对身材自暴自弃

女人的衰老究竟从哪里开始？眼角？颈部？手？

其实，岁月不只以皱纹的形式给女性的皮肤留下了痕迹，随着年龄的增长和代谢功能的缓慢，成熟女性的身材也在经历着改变和挑战。

20岁左右的女孩子爱美，更喜欢打扮，整天喊着减肥。其实就算不刻意去减肥，她们旺盛的活力和闲不住的生活状态，也会让其体内热量的吸收与消耗接近于守恒。而且，20岁的女孩子即使胖那么一点点，也还可以称之为青春可爱的婴儿肥，她们不会只胖在一个地方，胸部也处于最佳的发育时期。

但是，女人的胖和女孩儿的胖是不一样的。当你的胸部不再坚挺，而肚子上的赘肉却挺身而出的时候，可怕的事情也随之而来，傲人的身材已经不复存在。所以，30岁之后的女性一定要比自己20岁的时候更留意身材。20岁时你可能是想把自己塞进小一码的衣服里积极地塑造着身形，而30岁时你要意识到保持体态，不只为了让自己看起来更美丽轻盈，同时也更活力健康，这是年轻的重要条件之一。

我的朋友傲然，长得非常漂亮，皮肤细腻红润，灿若桃花，是娇生惯养长大的女孩儿。28岁时她嫁给了一个很爱她的男人，从此过起了更加养尊处优的生活。三年里她享着专宠，不用上班，不用劳动，出门时有车接送。但是现在她见到我就会抱怨，因为随着婚后幸福指数的上升，非床上运动量的降低，体重也是直线上升，每每去逛街，总会为淘一件合适的衣服而大费周折。

这样的状态，彰显着生活的无忧，却暗含着女性魅力的隐忧。当体重的超标已经成为日常生活的困扰，很快也会随着感情的波澜不惊，而渐渐成为审美疲劳的困惑。

30岁之前，很多女人已经成功地把自己嫁了出去，既而在30岁之后的婚姻生活中对于自我的审视和警惕性则大大降低。当有人说你发福了，你却喜滋滋地认为自己生活得好，而完全对于身材没有危机感，这说不定将会成为你日后懊悔不已的疏忽事件。至关重要的30岁，不但是女人对抗衰老的年龄，也是对抗肥胖的关键阶段。

其实，身材走样不只是全职太太们的危机，职业女性在这方面的困扰也绝对不小。想想刚毕业那会儿，女孩子们大多苗条飘逸，身轻如燕，像只天鹅般娉娉婷婷，然而工作了没几年，不少人突然发现什么时候天鹅变成了企鹅？

一项针对女性身材的调查显示，职业女性在当今社会中有着更容易发胖的趋势。这种趋势包括如下构成条件：工作压力大导致了人心理上的变化，从而喜欢以食物的摄取作为最直接的缓解方式。超量摄入和暴饮暴食之下，形体还能够保持那基本上等于是奇迹。工作忙碌造成的睡眠不足和饮食不规律，都会影响正常的营养吸收和新陈代谢，渐渐地堆积了大量的垃圾废物在体内，又如何能保证有一个轻快的身体呢？多数职业女性都是脑力劳动者，身体上活动最多的部位是手指和嘴巴，其他危险部位因久坐不动自然成了生长赘肉的摇篮。即使这样，也很少有人愿意提前两站下车，走上一小段可以锻炼身体的路。

有些时候，人总是喜欢在麻木中接受既定的事实，所以才要用上这些数字给予警醒，下面是身高与体重的标准公式：即，〔身高(cm)−100〕×0.9=标准体重(kg)。

如果你已经超出不少，那么请务必从现在开始留意身材。此外即使你可以骄傲地说自己的体重没发生什么变化，但仔细观察一下体形是否已经在不知不觉中发生了改变：腰围已经变粗，小腹在不听话地突出，臀部松弛下垂，手臂上有明显可见的蝴蝶袖，同时你的身体容易疲倦，爬两层楼梯就会气喘吁吁……

这说明我们老了吗？还是亚健康了？其实最根源的问题是忽视和放纵自己太久了，如此下去， 40岁、50岁时的我们又该怎么办？而让自己行动起来是唯一的解决办法。合理的饮食与适当的运动，是保持身材的重要方式，也是完善健康生活的基础。

最后，持之以恒是关键，那么就从30岁开始吧，给美好的体态一个天长地久的承诺。世界上没有胖女人，只有懒女人。

侧耳倾听

## 爱身体，它就会回报你

1.成熟女性，允许适度丰盈，但不能肥胖；可以圆润，但要有曲线。控制体重，保持身形，不只是一种审美态度，也是一种人生态度。

2.忙是很多计划无法实施的借口，当减肥运动迫在眉睫的时候，再给自己找理由就是对美的犯罪。而且你要知道，人的工作压力越大，越容易肥胖。

3.没有哪个女人不痛恨明目张胆突出的小腹，从30岁开始，你将与它作战一生，不如试一个简单易行的方法——腹式呼吸，它是瑜伽课里的基本呼吸法之一，形成习惯后，相信会有惊喜。

· 20岁，我们可以不涂化妆品便自然地出门，可以对着镜子做鬼脸，逼人的青春就是一种绚丽的美；

· 30岁，我们应该习惯于出门前自我审视，别让镜子对我们做鬼脸，用淡妆会点染出耐人寻味的美。

## 30岁不应该是衰老的开始

第一次见她时，她大四，以我们好友女朋友的身份进入众人的视野。穿粉色的连衣裙，扎高高的马尾巴，脸上没怎么化妆，却干净而透明。印象最深刻的是那双漂亮的眼睛，真是能让人生出三分嫉妒七分羡慕。她走后朋友问我们怎么样，我们一致拍砖：“小子你捡便宜了。”然而这样的便宜没捡多久，两人便随着毕业的来临而分道扬镳。

让我没想到的是，再次见她竟然是在我的新单位。吃工作餐的时候，她坐在我对面，用很轻的声音问：“我们在哪里见过吧？”我停下筷子仔细打量，有些似曾相识，却又不敢相认，只好露出歉意的微笑。她提了朋友的名字，我才恍然大悟。同时又不敢相信自己的眼睛，心里不自觉地问：这是那个她吗？皮肤粗糙暗黄，不知是因为瘦了还是什么原因，颧骨突出，嘴和眼睛都显得更大了，眼角的皱纹也很明显。

可能由于之前认识的缘故，我们熟悉起来并不需要很长的过程，午休时总会坐在一起随便聊聊。她还拿出全家的合影给我看。照片里的她和孩子笑得都很灿烂，她丈夫略带腼腆地牵着嘴角，站在她身边倒像是个青涩的弟弟，这说法对于她来说也许有点残忍，但事实就是如此。

某个周末，被她邀请去家里玩，进门的时候我就惊呆了，房间是极少见的整洁，我看着阳台晾衣架上满满悬挂的衣物，夸赞她真能干。无意间又看到沙发上放的《资本论》，我随口问道：“你在读这个？”她摇摇头，“那是老公看的，很久没什么时间读书了。”然后我们聊起了业余时间的安排，她叹气：“做饭、洗衣服、收拾房间、照看孩子，不忙的时候可以看一会儿八点档的电视剧。”而业余之外就是忙碌的工作，公司会时常给员工施加压力，这我是知道的。

现在我明白了她为何被“摧残”成这个样子，作为一名职业女性，她竟还出色地完成了一个全职太太的所有工作，且取得了优异成果，然而，却没有任何闲余的时间再给自己了。毫无疑问，她是个好妻子，好妈妈，好员工，但总是在忽略对自己好。在现代社会里，贤妻良母并不是风情美丽的对立词。

请别说自己不在意，如果能够更加赏心悦目，为什么不呢？大多数男人是视觉动物，他们喜欢关注美女，这是本性。也许大脑会提示他们去欣赏女人的内在，但眼睛往往指使他们盯着漂亮的容颜情不自禁。其实女人又何尝不是，看着镜子中的自己依然靓丽如昔，任谁都会有一份愉悦的心情吧。所以女人才要对自己好一点儿，狠一点儿，舍得一点儿。

首先，请舍得一些时间。我们不是把自己卖给了公司，更不是卖给了某个男人。我们的身份既不是智能化机器人，也不是贴身小保姆。为自己打造美丽留出时间，这里不单单指作为职业女性每早必须的上妆时间，还包括给予肌肤日常养护的时间。一个补水面膜，一次手部护理，听听音乐，看看书，然后早睡。醒来的时候，从内到外，都会感觉健康而愉悦。家务是永远做不完的，分给其他人一些，说不定还会促进和谐。工作亦如此。

其次，请舍得为自己花钱。以熟女的年龄和经济积累，我们应该有些能力为自己的美丽埋单了，关键就在于是否有这样的意识。去选择一套适合于自己的优质护肤品吧，而且随着年龄、季节、肤质等方面的特点与转变，让化妆台上的产品也得到及时的更新与升级。此外，还可以考虑去办张美容卡，这样不但会对皮肤作出有针对性的调理，对于忙乱的心情有时也是种放松与享受。我们需要在意的是，皮肤的衰老过程几乎是不可逆的，如果一再地错过合适的养护时间，将来即使想投入更多，也不容易挽回了。

女人有时很敏感，有时却又很迟钝，我们总觉得自己还年轻，那是因为不愿意面对和承认自己在衰老。但是别人知道，男人们更是看得清清楚楚。其实不需要逃避，也不需要借口，只需要以积极的心态与合理的行为正确地对待就好。无论怎样忙碌，无论身份如何，都记得自己首先是女人，美丽就是女人不变的追求和永远的责任。

“上得厅堂，下得厨房”，这是时代给女人沉淀下的理想标准，“带得出去，领得回来”，这是男人们殷殷憧憬的心愿。所以不管是为另一个人，还是为自己，我们都不要做日渐老去的黄脸婆，要做就做他赏心悦目的老婆。

侧耳倾听

## 30岁以后，让肌肤越变越美

1.女人护肤最应该注意的三件事，补水、防晒和抗皱。保湿是皮肤抗老化的第一步，防晒是抵御色斑、保证白皙的关键，而抗皱将从现在开始成为我们一生要为之奋斗的行动之一。

2.女人护肤最应该注意的三个部位，眼睛、颈部和手。眼角的皱纹是衰老悄临的标志，所以眼霜应该是化妆品里的高端单品。颈部和手部也可以泄露女人年龄的秘密，还有你生活得是否好。

3.女人化妆最应该注意的是彩妆的风格、用量与品质。个人的气质与出席的场合决定妆容的风格，日常用量则以轻薄为宜，糊墙的方式并不可取。彩妆的品质也很重要，劣质的东西会给皮肤带来伤害，从而让我们为这种节约付出更大的代价。

· 20岁，爱吃的可以多吃点，奶油冰淇淋就是比牛奶可爱；

· 30岁，不爱吃的也得多吃点，牛奶就是比奶油冰淇淋有用。

## 吃出活色生香的美丽

韩湘出现在我们饭桌会议上时众人都吓了一跳，皮肤松弛老化、眼神黯淡无光的她，可是那个曾经众星捧月、人人羡慕的水嫩佳人？也只是半年没有见面，怎么就变得如此憔悴？而上一次相逢，她虽然胖了些，但面色红润，并兴致勃勃地对我们宣称，孩子断奶了，她准备全面展开减肥计划，力争半年时间回到窈窕淑女时代。

果然啊，这就是减肥的代价。合理饮食与坚持运动的确是减肥的两个重要手段，但我们往往会陷入这样的误区，即对于减肥来说的合理饮食就是竭尽全力地少吃，而坚持运动，如果无法做到，那么就在饮食上找平衡，再少吃些好了。这突然让我想到曾经看到过的一句被当做笑话的流行语：还是吃吧，不吃饱哪有力气减肥啊。

现在究竟肥胖是流行病，还是减肥是流行病，真有些让人搞不懂了。不胖的人也会嚷着要减肥，我们总是希望自己瘦一点儿，再瘦一点儿，那么瘦是为了什么呢？首先是为了好看，大多数年轻人都不会有“瘦是为了健康”这样的意识。然而，瘦之后你真的变美了吗？就像我们的朋友韩湘，如何弥补粉底掩饰下气色不足和皮肤松弛所带来的烦恼？

那么，请记住这句箴言：女人的美丽是吃出来的。女人不仅要吃，还要吃出美来，这才是聪明又幸福的女人。

饮食不仅维持着人体正常的新陈代谢，很多食物对于驻颜美体亦有着意想不到的功效。这里所说的吃，绝不是让你暴饮暴食，或饥不择食，我们主张的是有准备地吃，有选择地吃，有节奏地吃，有健康意识地吃。

无论如何，我们都要告诉自己，美的基础是健康，有了健美的身体，方能孕育出美好的气质与心灵。所以吃出美丽的前提还是要吃出健康。

蛋白质、脂肪、糖类、维生素、矿物质、水、膳食纤维，这七大营养元素构成了常规的基础性营养，我知道看到这里一定会有不少女孩儿大呼脂肪和糖类是洪水猛兽，其实并非如此，适度的脂肪也是女人身体正常发育的保证，它既形成了身材的圆润性感，也维持了某些机能的良好运转。适量的糖类更是不可缺少的物质，除了生命体的基础需要外，它对肝脏的保护作用十分积极，从而促进了造血功能的优化运行，血液循环好的女人才会有面色红润的美颜，这可是比腮红更自然均匀的效果。

我们应该明白，30岁的女人不必刻意追求小女孩们的骨感，适当地多一分丰满，也会添加一分风韵，只要保持好女性正常的曲线，实在没必要过度节食，何况你还特别需要补充三类物质，第一是补血，第二是补钙，第三是补维生素。

女人补血就如男人补肾一样，越是即将进入中年时期越势在必行。在各种保健品大行其道的背景下，食补依然是最安全可行的方式，所以我们才应该好好地吃。红枣、花生、黑木耳等看似平民的食物，却完全可以给身体带来可喜的变化和可靠的保证，当然还有美好的气色。至于补钙，绝不是老人才需要考虑的事情，从三十几岁开始，钙质的流失速度渐渐加快，健康的骨骼也是活力的源泉，如果你不想50岁时靠大把的钙片来防止骨质疏松，那么从现在开始请和牛奶、鸡蛋、豆制品等食物做朋友吧。

维生素的种类实在太多了，它的好处也够说好几本书，而对于想永葆美丽的女人们，我们特别提一下VC和VE，VC的美白作用和VE的抗衰老作用足以让我们心花怒放。那么去吃新鲜的果蔬吧，大部分的VC就在这种像兔子一样的饮食方式中补充圆满，然后再做一回快乐的松鼠，捧着坚果慢慢地嗑，既吸收了VE，又获得了不饱和脂肪酸。

关于饮食问题，不只在于吃上，喝的东西也很重要呢。你不会忘记，女人是水做的吧。女人缺少了水的滋润，将很容易陷入枯萎的状态。美容师常常对你说缺水，那不只是提醒你皮肤干了，也意味着你的身体在缺水。每天八杯水，有几个人能够真正做到？还有我们日常所摄取的种类应该是白开水、茶类、汤类和鲜榨果汁等健康饮品，而不是碳酸饮料、速溶咖啡、香滑奶茶等含有多种添加剂的重口感饮料。所以去找一只大大的玻璃杯吧，为自己凉一杯白开水，慢慢地喝下去，它滋润了你生命的同时，也会让你溢出如水的温柔。

侧耳倾听

## 让健康饮食助你塑造完美身材

1.相不相信女人比男人更爱吃？爱吃无所谓优点或缺点，但会吃绝对是个长处，做个会吃的女人，才能吃出花样的容颜。

2.美丽可以吃出来，苗条也真的可以吃出来吗？当然。有利于减肥的食物绝非不存在，比如苦瓜。如果你想更好地保持身形或减重，不妨尝试下做个素食主义者，但这也是一种人生态度的选择，需结合自身状态慎重决定。

3.不是所有的女人上了年纪就一定要用保健品，你可以有选择地尝试，但尽量不要依赖，最关键的是请慧眼识珠，别盲目滥用。

· 20岁，我们可以晚睡，可以失眠，那是青春的小快乐或小忧伤；

· 30岁，我们别再晚睡，别再失眠，那是加速女人衰老的大问题。

## 不做夜猫族，好肤色透出来

最近一直在被一件事困扰，我的皮肤不知从什么时候起出现了问题，脸上竟然长痘痘了，还像搞接力赛一样层出不穷。要知道当年我可是平稳安全地走过了青春期，现在已然成为熟女，居然冒出了青春痘？不会吧。

但是的确如此，近半年来，虽然化妆品升级到了一线品牌，也开始习惯于到美容院里定期去作皮肤护理，可是我脸上的痘痘还是没有销声匿迹，而且某天照镜子的时候，悲惨地发现了淡淡的黑眼圈和隐约的眼袋。

由于个人注重保养意识形成得比较早，日常化浓重彩妆的机会也不多，这得以保证我以较缓慢的速度接受皱纹的来袭。虽然皱纹尚未大举压境，可这些皮肤问题还是给了我一个响亮的打击。

终于忍无可忍，拨了好朋友的电话去诉苦，也想让这个自称美容新贵的人给我点建议。电话响了半天，那边才传来她睡意蒙眬的声音。我看着墙上刚刚指过十点半的表针，很不确定地问：“你睡了？”她如实地答：“刚刚睡。”

我的惊讶绝对比发现了脸上的痘痘更夸张，对她的夜生活颇有几分了解的我，确实无法相信本应该是精彩时段开始的时间她竟然钻进了被窝。但我的耳朵不会骗我，因为我听到她说，从上个月开始，她已经决定每天早睡早起，睡满八小时，不为任何人失眠，不为任何事情熬夜。她觉得自己老了，折腾不起了。

直到放下电话我才恍然大悟，为什么我的皮肤近来总是不好，因为这多半年我太能折腾了，每天在网上逛到一两点钟，早晨被闹钟喊醒时通常连六个小时都睡不够，这跟我曾经11点前准时入睡相比，皮肤不抗议才奇怪呢。

睡眠对于人体的健康，对于器官的休息和养护作用自然不必细说，那么我们单说说它对女人的重要性吧。我们的皮肤最怕缺的就是两样东西，一是怕缺水，二是怕缺觉。缺水的皮肤像沙漠，不只看起来没有水嫩的感觉，干纹也会应运而生。缺觉的皮肤不仅会变得暗沉无光，而且由于代谢的不畅，还可能出现不少小问题，同时加速了衰老的步伐。所以，女性早一点儿休息，并保证八小时的高质量睡眠非常重要，这是无论多么高级的化妆品亦达不到的境界。

正如我那位朋友所说，我们的确已经不再年轻了，至少不能再像20岁的女孩那样黑白颠倒，通宵不睡，第二天还能光彩照人。都说年轻就是资本，这也是某种意义上的资本呢。现在的我们要懂得善待自己，先天的东西在日渐减少，后天的照顾才应该格外用心。真的没有什么值得我们熬着夜间的心血，付出失去美丽的代价。

过惯了丰富夜生活的我们，在树立了尽量早睡的意识后，还需要了解一些睡眠的健康主张。

想要有较高的睡眠质量，就要有个良好的睡眠环境。你的卧室可以不大，但要安静、整洁、温度和湿度均适宜。睡前你可以洗个热水浴，喝一杯温热的牛奶，作一点儿舒缓的运动，或者看一点儿轻松的枕边书。入睡前不要胡思乱想，也避免用被子盖住头，睡姿可采用右侧卧和仰卧，前者对健康有好处，后者有利于美容。

另外，我们注意不要带妆入睡，不要戴胸罩入睡，不要戴手表或其他首饰入睡。卸妆本应该是你回家之后的第一件事，竟然还保留到睡觉的时候，这点连想想都要觉得是种罪过。胸罩再美，也要考虑一下自己乳房的感受。我们回家都知道脱掉职业装放松一下，凭什么不让它也休息休息。在裸睡越来越呈现天然和流行的年代，如果你属于矜持人群，不妨只套一条纯棉的干净睡裙，既解放了身体，也很舒服。最后让某一时刻床上的你只属于睡眠，那些在白天里彰显着你高贵身份的手表和金银首饰等物件，实在没必要在这里发挥作用。

其实除了那些有形的东西外，我们还不要带着焦虑烦躁的情绪上床，胡思乱想也会让人迟迟无法入睡，所以什么都不要想，今天请和我一起，收拾起不想早睡的心情，11点前尽量爬上床，带上一点儿愉悦，甜甜地睡个美容觉，请做个好梦。

侧耳倾听

## 睡出来的健康与美丽

1.睡眠与健康及美容的关系不言而喻，现代人的压力与忙碌程度日益严重，形成良好的生物钟是避免身体机能恶性循环的关键。

2.如果每天能有一个短暂却珍贵的午觉，那可真是件幸福的事情。它会帮助你快速地恢复上午时段所消耗的精力，但是趴在电脑桌上的午睡姿势还不是很可取，因此，中午能舒服地躺下来对大多数人来说仍然是种奢侈。

3.想成为爱美的女人，请务必爱上睡觉。何况你慵懒的神态里蕴藏着怎样的风情，恐怕连自己都没意识到呢，真是便宜身边的男人了。

· 20岁，我们更适合喝啤酒，端杯就干，生活就像杯里腾起的泡沫，鲜活动感；
· 30岁，我们更适合喝红酒，轻酌细品，生活就像杯口收敛的香气，回味悠长。

## 学会品酒

我就没见过比菁菁更喜欢喝酒和更能喝酒的女人。这个可以追溯到她第一次失恋，一个人在酒吧里喝得酩酊大醉，深夜服务生把电话打到我的手机上，我穿越了大半个城市把她接到我的住处，醒来的时候，她哭得肆无忌惮，说："你不知道，真疼呢。"

这一幕在刚刚过去的情人节的当晚重新上演，我连搀带扶地将她拖上车，问她："到哪儿？"她答："反正不回家。"这下我也犹豫了，不知道面对如今已不再单身的她该怎么办。思考良久，还是给她老公打了电话，告诉他菁菁在我家，她有点累，睡着了，今晚就别让她回去了吧。

我想我的决定是对的，我不能把这个神志不清、满身酒气，偶尔还会胡言乱语的女人送回去，尤其在他们很可能闹了别扭的时候。这次，菁菁醒来的时候没哭，脸上带着自嘲的笑，说："酒真是个好东西，你一旦喝醉了，就什么都不记得，什么都不在乎了，多好。"

我听了差点没气晕，忍不住开口道："喝醉了你不难受吗？一个人喝到那种程度是很危险的知不知道？”

“可是，这已经成为我的习惯了。”听完这句，我愤愤地将她拉到镜子前，“看看你现在的样子，面容憔悴，目光无神，头发凌乱，衣冠不整，这是你希望的样子吗？酒虽然可以为你一时麻醉，但已经让你的身体和心灵都受到了摧残，你不能再像小女生般飞扬跋扈、标榜另类，在酒桌上喝到醉也没人笑话，哭了笑，笑了哭都肆无忌惮。”

真的是这样，女人在30岁的时候，已经过了贪杯的年龄。因为这时的我们需要更多的成熟与优雅来解读形象。微醺或许可以在一定场合里让女人别有一番风情，但大醉简直堪称美女形象的大忌。试想，已经成为熟女，并致力于做淑女的我们，怎么可以在公司的聚会上喝得媚眼如丝，还摇摇晃晃地站起来与客户碰杯？怎么可以在与男友吵架时，就放纵自己到烂醉如泥？又怎么可以让老公打开门的时候，就看到妻子满嘴酒气地胡言乱语？

因为我们成熟，所以才不可以再贪杯。而且贪杯不只是有损形象，还可能给自己带来危险。女性过度饮酒给身体所造成的负担不言而喻，它不但对你的乳腺等器官没有好处，对身材和皮肤也存在破坏作用。因为烟酒而加速衰老的女人，已经不在少数，有必要引以为戒。贪杯所带来的另一些危机是突发和不确定的，但的确是潜在的隐患。先不说醉酒回去途中会不会遇到危险，单说在不清醒不理智的情况下完全有可能做出让自己后悔终生的事情。比如一夜情，70%是在酒精的麻痹下完成，那时候理性在慢慢丧失，身体紧跟着沦陷，等真正清醒冷静之后，往往追悔莫及。

不知道看到这里，你们是不是觉得喝酒的坏处实在太多了，其实也不完全如此。我们主张的是不要贪杯，而非滴酒不沾。

适度地小酌，会养育出女人生命里一种特别的情调与风情。宴会上端着红酒杯子袅袅婷婷的女人，能轻而易举地吸引众多男子的目光，那迷人的气质在酒色微浓、粉面微红的展露中悄然绽放。坦率地讲，能喝一点儿酒也是现代职场女性的一项技能和优势，只不过，别因为贪杯而让这种优势消失殆尽，如果再造成惨不忍睹的情形和无法控制的局面，就更加得不偿失了。

只要能够以正确的态度面对饮酒问题，只要不是无所顾忌地大肆贪杯，女人品一点酒，我们的世界将会更加色彩斑斓。公司酒会上喝一点儿庆功酒、交际酒，家宴中喝一点儿团圆酒、温情酒，朋友聚会上喝一点儿开心酒、交情酒，二人世界时喝一点儿催情酒、浪漫酒，独自一人的时候，喝的可能不是酒，是品读寂寞，或者享受孤独。

葡萄美酒夜光杯，美人微醉从容回。这才是女人与酒的佳境。

侧耳倾听

## 酒至微醺才能悦人悦己

1.没有谁，也没有什么事，值得我们为之牺牲身体的健康，所以不要借酒消愁愁更愁。

2.单身女性尤其不要喝醉。一个人晃晃悠悠地回家、开门、进屋，不只危险，还很凄凉，如果第二天再看到自己吐的东西还没有人收拾时，一定又会吐第二次的。

3.与其他酒相比，红酒与女人有着更好的契合度，是酒类中较健康的品种，对女性美容养颜也好处多多。懂点红酒知识，有助于优雅礼仪的修炼和气质品位的提升。

· 20岁，自信源于年轻、甜美、活力，女孩们在意的效果，更多地停留在“为人关注”；
· 30岁，自信源于优雅、修养、风韵，女人们在意的效果，更多地体现在“为之倾倒”。

## 自信是女性最可靠的优势

如果在金钱、地位、美貌、名声、聪慧、自信中让我选择一个的话，我的第一选择一定是自信，因为拥有了自信，才能更好地拥有其他，才可以更好地驾驭我们的人生。一个再怎么漂亮的女人，如果缺乏自信，她脸上的光芒都会黯淡很多；而一个略显平凡的姑娘，只要充满自信，她身上多会散发出流光溢彩的美丽。

自信应该作为人的一种心理能力、一种性格优点，无时不有，无处不在。想想，曾经我们是不是有过因为自己在某一方面的优异而沾沾自喜？是不是也有过年轻到可以素颜出门而毫不畏惧？是不是还有过能让不少追求者围绕身边的自信？那么，如今，岁月让我们从女孩儿变为了女人，30岁女人的自信又该在哪里？自信的资本、自信的方式、自信的力量，你又知道多少呢？当我们对自己的怀疑越来越多，茫然状态频频出现的时候，是否意识到自信的心态已然经受着极大的挑战？

我的女友站在镜子前对我抱怨自己日益变老变丑，不如从前漂亮了，我立刻将她推到距离镜子一米处的地方让她再看，镜子里的她体形匀称，脸形端庄，看不到眼角细细的小皱纹，也看不出下巴上多的那一点点几乎可以忽略不计的小赘肉。我告诉她，当年龄不可避免地呈现加号的时候，聪慧也一定要紧随其后地“加”下去，比如此时要会聪明地选取照镜子的角度，这不是掩耳盗铃，这是在增加自信，自信的女子会给人一种别样的美。

不要以为我们不再如20岁的女孩儿那样青春无敌，便缺乏正视自己年龄和容貌的勇气。其实，30岁应该是最自信的年龄，因为此时的女人最女人。你不但可以展示出平时保养得当而仍然光洁水嫩的容颜，还多出了性感迷人的熟女魅力。你不但可以秀秀自己坚持健身形成的美好身形，还可以让人看到更多从容优雅的气质。你不但可以保持从前年轻积极的活力，还拥有了独立、理性、丰富、全面的阅历与心态。如此，你怎么可能没有自信的理由；如此，你完全能够树立起属于自己的风格。

因此，我们越是在面对年龄考验的时候，越是要淡定自信。只有越来越自信，才能让自己看起来更年轻，更美丽，更经得起岁月的推敲。

同时我们应该明白，自信重要的不是来源于别人的赞美，更多的是取决于自己给予。首先，你的身体硬件标准，极易形成自信的基础，妆容、形体、衣着、品位，前面我们所提醒你在意的那些事情，直接地影响着此时的心态，美丽优雅是形成自信不可忽视的加成因素。其次，良好的气质、丰富的学识与内涵是自信的绝佳动力，长得漂亮不如活得漂亮，带着这种底蕴，生活里会充满七彩的阳光。最后，不得不说，自信的确包含一种强大的心理暗示，站在人生的舞台上，不断地激励自己，肯定自己，鼓舞自己，那么你就是整个晚会的主角。

30岁，属于我们的成熟人生刚刚开始，面对职场，面对婚姻，面对梦想，面对纷繁复杂的人际关系，我们都没有理由放弃自己追逐理想与成功的权利，有时不妨用这样的话鼓励自己：

“我能行，我相信自己可以。”

“失败没有什么，大不了重新再来。”

“走自己的路，让别人去说。”

“相信自己，我就是一道风景，无须在别人的风景里仰视。”

最后，请让我们一边读着美国心理学家弗罗姆《爱的艺术》中的美好文字，一边来体会一个女人自信的美丽与力量：

“她不一定漂亮，但一定有在众人中被你一眼认出的气质。她自给自足，放纵自己尽情地享受生命的乐趣，又清醒地保持灵魂的明净。她会为一瓣花而心醉，像一棵树感受清风，树叶摇曳着一声叹息，在简单中蕴藏着最深的宇宙。她看到了生命背后的黑暗，深知阳光与夜的交替，死亡如影随形，但永不绝望。她本能地拒绝贪婪，她的心像埋藏了千年的莲子，历尽沧海桑田，洞彻世事烟云，依然会鲜活地从沙土里开出花来，笑声和细语如冬日暖阳，化解心中坚硬的块垒。

侧耳倾听

## 自信让女人更美丽

1.无论如何，尽可能地拥有更多自己所向往的资本，这样有利于形成良性的循环过程。

2.外在条件并不是绝对的，各有千秋也是一种美，树立自己的风格，你的自信你做主。

3.通过参加社交活动或演讲来提高自信心，倒不失为一个积极有效的方式。

· 20岁，有人逼我们读书，不想读也得去读，老师告诉我们只有读书才能改变命运；
· 30岁，没人再逼我们读书，但应该主动找书来读，并且告诉自己读书可以修正人生。

# 充电，才情就是资本

林清玄在《生命的化妆》一书中说到女人化妆有三个层次，其中第一个层次自然是脸上的化妆；第二个层次的化妆是改变体质，通过改变生活方式，保证睡眠充足，注意运动和营养，皮肤也得以改善、精神充足；第三个层次的化妆是改变气质，多读书，多欣赏艺术，多思考，对生活乐观，心地善良，因为独特的气质与修养才是女人永远美丽的根本。

看到这里我们可能需要思考一下，在忙碌的生活中，是不是只注意到了第一层次，第二层次的内容或许在休息日勉强得到些补充，而第三层次呢？大概在年复一年地忽视吧？

如果回答“NO”，那很好。这说明在现代社会里，在年轻女人中间，知识与才情已经被高度地重视起来。美女可以让人眼前瞬间一亮，然而知性女人却能够令人惊喜不断，越陈越香。

读书可以养心，书中的世界里有好多我们想象不到的内容，当目光在字里行间跳跃，于哲理之中，于悲喜之中，我们的心一点点地被揉进去，有时所得到的东西甚至会出乎自己的意料。

那么，双休的周末，不妨拿出一天在书城或图书馆中度过。我喜欢在高高的书架之间穿行，仔细地找寻喜欢的书，然后坐在宽大的木桌子旁静静地翻看，那种感觉，仿佛回到了久违的学生时代，不一会儿就会入迷，时间无声地流过，这真的是一种安然的享受。

应该说人的一生，前二十几年大部分时间都在读书，掌握最基本的知识，不管我们愿不愿意，喜不喜欢，都要履行受教育的义务。但如果走出校门就开始窃喜终于不用读书了，那么几年之后我们就会发现自己的落后，不再能跟得上社会的节奏，不再能顺利地应对工作中的问题，甚至都无法在与人交往中谈论某个话题，而这时候我们才不过30岁而已。我们可以说自己很忙碌，需要面对事业的压力，面对生活的琐碎，需要打点好老公，照顾好孩子，但仅仅为这些就丢掉了才情和进步的可能，那样的话损失真的好大。

腹有诗书气自华。读书的女人是安静的，她沉浸在文字编织的故事之海中，用眼睛做桨划开波浪，去寻找遥远的精神彼岸。她没有时间唠叨饶舌，没有时间搬弄是非，就连翻动书页都是轻轻的，像微风吹过草地。

当我们走入不可再依靠年轻貌美而自喜的人生阶段，气质便成为了不可或缺的筹码。书是女人通往魅力之路上最值得依赖的伙伴之一，重视和依赖它，便不会再惧怕年龄的增长，也不会因为几条小小的皱纹而苦恼。因为你已经拥有了一颗与众不同的独特心灵，和让人越品越有味道的内涵，你的生活和世界里都会溢满书香。

有的女人，读书是为了获取知识，增长才干，她们比较注重思想性强，有哲理，有深度的书；有的女人，读书是为了愉悦身心，陶冶情操，她们喜欢读优美散文或者唐诗宋词，在其中修身养性；有的女人，读书只是为了一种娱乐和消遣，她们更热衷于缠绵悱恻的爱情故事，但也会从中得到一些启迪，感动内心。

如果读书成为了我们的习惯，那么可以进一步考虑读书的方向与选择性。成熟女性对于图书不必再拘泥于一种类型，即使做不到博览群书，至少也应该广开眼界。因为现在我们读书，更多的不是为了应对考试和满足喜好，而是要提升自己。无论是对事业的帮助，还是对自我的修为，都要求我们避免获取知识时太过于狭隘。

首先，女人要读些历史，不懂历史的人是可怕的。当今文化的存在，正是对于历史的承袭与创新，历史的厚重感，会增加一个人知识的深度，不要认为历史的东西只与男人有关，女人懂史，宛若掌握了一曲千年传唱的歌谣，连男人都会刮目相看。其次女人要读些人物传记，它们不只会增加我们的知识储备，有些还会对人生有所帮助。每个著名人物的成长与成功，大多离不开传记中所提到的经验与教训，而这些宝贵的东西尽在其中。再次女人要读些古典文学，包括诗词。它们促进了女性气质的提升，于无形中让我们沉淀出温婉、含蓄的才女品性。另外女人还应该读些职场小说，一本《杜拉拉升职记》掀起了女性职场小说的高潮，而作为职场丽人的我们，多了解点办公室的故事，多接触点对于事业的规划，没有坏处。当然，一些与女性有关的指导书，一些能够给心灵启迪的人生智慧书，一些让身心放松的枕边书，一些就算没内涵没深度但是我们喜欢的书，还有一些时尚类的杂志，只要有时间都可以找来读。

其实给自己充电，还不只在于读书。按照我们的工作需要和人生计划，去参加特定的培训班，去考取有用的资格证书等，也是充电的重要方式。就算完成这些的过程中苦点累点，可它们对于我们实际的工作和今后的人生帮助就不止一点点了。任何时候，都别放弃每一次进步的机会，生命在前进，我们的思想、能力和心灵，都要跟得上才行。

那么，从此我们的枕边会不会多出几本书？背包里会不会也放入轻便的简易本？休息日是不是也能挤出一点儿时间给茫茫书海？是不是真正地理解了充电对我们的好处，理解了才情的重要？我知道，会的。

侧耳倾听

## 女人一生应该读的30本书:

（1）《第二性》；（2）《写给女人》；（3）《红楼梦》；（4）《谁是最美的女人》；（5）《简·爱》；（6）《居里夫人传》；（7）《圣经》；（8）《世界美术名作二十讲》；（9）《金锁记》；（10）《私奔万水千山》；（11）《女性个人款式风格诊断》；（12）《婚姻宝典》；（13）《飘》；（14）《女人的身体，女人的智慧》；（15）《斯波克育儿经》；（16）《围城》；（17）《美学散步》；（18）《叶芝抒情诗全集》；（19）《一个女人的成长》；（20）《苏菲的世界》；（21）《安娜·卡列尼娜》；（22）《音乐气质》；（23）《安徒生童话故事集》；（24）《艺术的故事》；（25）《人与永恒》；（26）《李清照诗词评注》；（27）《女人的资本》；（28）《女子与小人》；（29）《关于女人》；（30）《懒女孩的健康指南》。

· 20岁，放假了就张罗着出去玩儿，有时候有闲没有钱，可想飞的心怎么也无法阻拦；

· 30岁，每天在麻木的生活里辗转，有钱却没有了闲，但还是请找点时间，给自己一次远行的体验。

## 来一次旅行，享一个悠然假日

程诺在夏意盎然的6月终于请到了整整一个月的休假，起初上司态度吝啬，不想同意。但看到她意向坚决，也只好妥协，并祝她假期愉快，希望一个月后能看到她带着饱满的活力与精力出现。程诺如此决然，是因为她的手里正攥着一张机票。前段时间过度的忙碌，几乎令她心力交瘁，精神也处在了崩溃的边缘，如果再不出去走走，恐怕心情始终都难以调整过来。

回去收拾行囊，第二天便将踏上旅程，丽江的安然与美好在向她招手。想想究竟多久没有出去旅行了，每天拖着沉重的脚步走入写字楼的电梯，每天揣着烦闷的心情应对着生活中琐碎纷扰的小事，就是始终没有时间整理一下自己的心情。现在她可以用这样一个假期在那个美丽的古镇洗涤自己的灵魂，褪去身心的疲惫，找回快乐的自己，甚至可以铭记或遗忘一段时光的痕迹。

当人在心理和心态上达到极限与饱和，如果再不出去走走，消极的东西可能会越来越多，越来越难以化解。旅行不只是孩童时代天真无邪的游玩，也不只是青春岁月里无忧无虑的奔赴，它在我们日复一日忙碌的生命里，是一种不可忽视的调整身心的方式，是放飞灵魂与梦想、自由与追逐的希望之旅。它应该是现代女性生活的一部分，也是疼爱自己的表现。

那么，还不准备好好地心疼自己一次吗？无论你是工作缠身的白领丽人，还是家务繁重的家庭主妇，都有权利为自己的快乐与放松出行一次，所有的枷锁与禁锢都挡不住渴望飞翔的翅膀。别忧虑年计划完不成怎么办，工作是永远做不完的，何况精力充沛地回归才更有利于提高效率、事半功倍。也别担心你不在老公孩子怎么办，或许他们会生活得没有平时舒服惬意、井然有序，但绝对饿不着的，还能让他们体验一下想念你的感觉，从此学会珍惜。

所以，无牵无挂地给自己放个长假吧，从30岁开始，每年计划去一个地方，直到走不动的那一天为止，这其实是一个多么有意义又会给人以无限憧憬与惊喜的决定。在行走的过程中，阅历自然会丰富很多，遗憾也会相应地减少。如果有了要去旅行的想法，就应该立刻着手行动，当然出行前做好准备工作也很必要。

去旅行，首先要考虑自己的目的地，可依据能够拿出的时间、金钱和内心向往来确定行程。喜欢高山还是喜欢大海？喜欢浪漫的异国之都还是喜欢宁静的古镇？然后再结合时间安排规划出一次惬意美好的旅程。

选定好了目的地，下一步就是安排具体的旅行路线。乘火车还是乘飞机，哪条航线有打折机票，怎样中转最节省时间？而且要记得提前预订酒店，这样可以在抵达目的地后尽快得到休息的方便，也能避免临时找酒店不顺利的情况出现。

旅行之前还有必要事先作一下预算，随团出行价格比较清晰醒目，自然无须多说，但应该预想身处景点或商业区时导游的推荐项目。如果自己出游，要对交通、食宿、景区以及当地的消费水平有个大致了解，这样作足资金的准备，才能玩得潇洒放松。

前期的功课做足之后，让人激动的时刻也一天天地临近，那么请在出发前再次打开行李箱确认随行物品。首先要依据当地的天气特点决定带什么衣服，一双休闲鞋也很必要。药品当然必不可少，感冒药、肠胃药、消炎药、创可贴之类的都别遗漏，晕车者最好还要带上晕车药。生理期前后，请备上便携的女性卫生用品，不用很多，但要保证急用时就可拿到。另外，与伴侣出行，要记得将安全措施也放入行囊。当然，化妆品是女人的必带之物，但最好携带旅行装，将整个化妆台放入背包里可不现实。湿巾、纸巾、充电器、相机等也必须在旅行箱里占一席之地。如果目的地是国外，护照签证一定不能忘，最后，身份证、车票或机票、银行卡和现金都要检查好，并且注意随身安放。对于可带可不带的东西最好别带，行李太重的话会给旅行造成负担。

还有，别忘了带上美丽的心情，旅行让心灵感知自然的清新，感知陌生的欢喜，感知天地的宽广，感知生命的存在。它不仅帮助我们调整身心，也有利于开阔眼界。人生正是在走走停停之中，不断地幻化美丽，不断地生出感动，不断地进步与成长。

恩格斯说："大自然是宏伟壮观的，当我们累了，想脱身休息一下，我总是满心爱慕地奔向大自然。"

## 侧耳倾听

## 那些一生中不可不去的地方：

1.巴黎。2.伦敦。3.雅典。4.罗马。5.维也纳。6.纽约。7.巴塞罗那。8.悉尼。9.莫斯科。10.哥本哈根。11.佛罗伦萨。12.阿姆斯特丹。13.京都。14.西西里岛。15.巴厘岛。16.夏威夷。17.曼谷。18.米兰。19.普罗旺斯。20.布拉格。21.北京。22.上海。23.西安。24.拉萨。25.南京。26.杭州。27.成都。28.香港。29.三亚。30.敦煌。31.绍兴。32.丽江。33.周庄。34.香格里拉。35.撒哈拉沙漠。

· 20岁，太多的事情让我们可以尽情地笑，知道怎么笑都美，笑起来会很明媚，春光无限；

· 30岁，太多的忙碌让我们经常忘记了笑，却要知道怎么笑最美，笑起来要很优雅，春风拂面。

## 微笑能够赢得幸运女神的垂青

我曾经的上司，是我所见过的最优秀的女人。当时的我初出校门，就进入了那个工作节奏特别紧张的公司。我亲眼目睹上司雷厉风行、果断自信地安排每一项工作，决定每一个策划的命运，调配手下每一位员工的潜能，有时候我会想，这样的女人是女人吗？浅灰色的职业套装，显得成熟、干练、英姿飒爽，但似乎少了些女人的柔美风韵。

结果第二周的公司聚会，让我彻底地推翻了自己的判断。闪亮的水晶灯下，我的女上司穿着色彩柔和的晚装，优雅地端着红酒杯子，回眸时那微微一笑，简直都把我给惊倒了，脑子里立刻浮现出四个字：巧笑嫣然。当晚，她在餐厅门前坐上了前来接她的车子后，对我们笑着摆手的那一幕，也是我第一次见识到真正成熟女人的魅力，那一刻我开始迫切地希望自己快点成为那样的女子。当然在以后的工作中，我还渐渐地有幸欣赏到她淡雅的笑，真诚的笑，自信的笑，鼓励的笑，这让我更加清楚，女人拥有那般迷人又优雅的笑容，该有多么重要。

时光荏苒，在我们悄悄进入熟女年龄的今天，是否也如愿地听到了别人对我们笑容的夸赞？是否真切地感受到了微笑的力量？所以，我才迫切地想与你们分享这个话题——微笑，世间的温馨语言，女人的倾城之美。

微笑，是与人交往时的一个通用动作，是一种无言的交流形式，它把冰冷的世界连接起来，甚至让无法用语言交流的人也有了温暖的沟通。可见，笑容对于人与人之间关系的重要性既无形又不容忽视，尤其对于女人来说，面对男人时的每一次微笑，都是既温婉又强大的力量。

另外，微笑也是自信的表现，是对自己的魅力和能力抱有积极态度的证明。微笑可以展示出温馨亲切的表情，无形中便能有效地缩短双方的距离，给对方留下美好自然的心理感受，从而形成和谐融洽的交往氛围。面对不同的场合和具体的情况，如果用微笑来接纳对方，可以反映出一个人良好的修养与宽厚的胸怀。在人际交往中，经常保持微笑的姿态，说不定就会有意想不到的收获。

最初，我们哭着来到这个世界，慢慢地笑声比啼哭多起来。年轻的我们可以大笑，可以媚笑，可以夸张地笑，可以没心没肺地笑，可以肆无忌惮地笑，但是对于成熟女性来说，学会礼仪性的微笑和发自内心的微笑，才更有利于展示出我们优雅的魅力，以及随着年龄增长而拥有的那种平和宽容的气质与心态。

礼仪性的笑容，即使有时稍显牵强或千篇一律，却有着视觉上很美的直观感受，如果能配以心灵上的真正喜悦那就更完美了。让嘴角两端用力向上翘起，唇线略呈弧形，目光中放射出脉脉含笑的神采，轻轻牵扯着愉快的心情，不知不觉间便可以给人留下如沐春风、温暖备至的印象。发自内心的微笑，会自然地调动人的五官，宛如在回忆美好的过去或展望充满希望的未来一样，整个面部表情看起来自然而愉悦。

笑不仅是人类的重要表情之一，有时也直接反映着我们的心理状态，所以还是注意不要让某些种类的笑容出现在原本美丽的脸庞上，比如嘲笑、冷笑、讥笑、奸笑等。这样的笑多数是女性虚荣心、嫉妒心和自傲心理作用下的结果。它们的存在没有积极意义，只会让我们心里的小魔兽不断长大，最后真实地显现出性格上的尖酸刻薄。如果不及时摒弃的话，难免要受到他人的疏远与排斥。

微微一笑很倾城，回眸嫣然百媚生。请动用好属于女性甜美端庄的笑容，释放出别致的吸引力。当你笑了的时候，世界也笑了。

侧耳倾听

## 把微笑视为一种快乐的力量

1.熟女优雅的笑和青春女孩明媚的笑，给人的感觉有所不同，慢慢地去寻找自己的微笑模式，并将它深深地融入到个人的魅力与气质中。

2.微笑时难免会露出几颗牙齿，所以要注意保持它们的整洁美观，这同时也关系到我们自身的健康与形象。

3.当我们对周围的人微笑时，便把快乐传递给了他人，在轻松愉悦的气氛中，也给彼此留下良好的印象。

· 20岁，拒绝一次约会都可以不假思索，不怕别人说冷漠，反倒肯定着自己的果敢；

· 30岁，回绝一次邀请都要思前想后，生怕别人有意见，便一次次违背自己的意愿。

## 艺术地拒绝，轻松地生活

深蓝是众人眼中难得的好女人，温柔可人，玲珑剔透。但我始终不明白为什么每次与她见面，都会觉得她脸上有种隐约的哀愁。她经常微笑着，可有时她的微笑牵强而遥远。她早该嫁人了，可围在她身边的男人很多，却没见她要与哪一个走进婚姻。她该晋升为高一级别的主管，却还是被刚入职时的上司使唤来使唤去。

在她身上，似乎所有的“应该”计划，都出现了“不应该”的结果，这给人的感觉很奇怪，至少我从表面没有看到哪里出了问题。直到有一次在酒吧里，我看她始终开心不起来，终于忍不住问：“你是不是不喜欢出来？”她连忙否认：“不是的，其实我很喜欢和你出来聊聊天，但酒吧这种场所我似乎不太适应。”

后来我们找了个安静的咖啡馆，推心置腹地聊了许多，那是我第一次了解她的内心世界，晶莹而脆弱，善良而纠结。也正因为这样，她的人生才始终处在被动之中。公司里，甲让她帮忙打文件，乙让她帮忙做报表，丙让她帮忙陪加班，她虽然心中不情愿，但为了不得罪同事，也都一一照做了。她从来没有想过自己早已不是见习生或跑腿小妹，只想着多做一点儿，或许人际关系能更好一些。而这种过度的随和，势必会影响一个人的威严，这样的她，又怎么适合领导别人呢？爱情中，男一号苦苦追求，她节节败退，虽然没有多喜欢，但以为慢慢习惯就好了。谁知道男二号的出现让她心跳不已，不过她已经习惯了被动，拿不出勇气表达自己的喜欢。直到对方来表白，可她自己却不知道如何跟男一号谈分手。就这样牵牵绊绊两年多，最后大家都累了，一起放手，她一下子又回到了一个人的世界。

面对如此善良又如此软弱的深蓝，我真是既同情又担忧。突然想起莎士比亚作品中的名言：“女人，你的名字是弱者。”真的是这样吗？不。温柔善良的确应该是女人美好的品质，但一味地忍耐顺从却可能形成悲剧的性格。

女性的成熟，同时也意味着要强大起来，不是要求我们必须有多么强势，但至少要越来越坚强。请不要小觑这种坚强，它会让我们在困难的形势下坚持下去，在挫折中不放弃对幸福的追求，在他人的流言飞语里笑看落花，在不喜欢的人不喜欢的事面前敢于拒绝。女性正是有了这样的坚强，才有了自主选择的机会和拥抱美好人生的可能。

女人无论在婚恋中，还是在一般的人际交往中，对于别人的意愿或求助，如果能够办到，理应尽最大能力去办；如果办不到，又何必勉为其难，此时，果断地拒绝未尝不是正确的选择，也许对方还有机会找到更合适的人去做。而勉强接受的话，不但给自己增加了压力和心理负担，最后也会因完成不力给对方造成损失。

请放心，不是所有的拒绝都会让我们失去朋友，但如果不懂拒绝的艺术，生硬地回绝对方，倒是真可能形成无法挽回的局面。所以，我们要想温柔地强大起来，还是极有必要学学这门功课。

首先，一定要照顾对方的自尊心。很少有人在求别人办事时能够厚脸皮到理直气壮，通常都带着忐忑不安的心理，所以此时我们急不可耐地直接答“不行”，势必会伤到对方的自尊。可以先说些同情或关心的话，然后再表示出爱莫能助的无奈。

其次，说话的态度需要诚恳，方式需要委婉。这一点非常重要。我们可以聊聊自己无法答应的原因，委婉地表示出的确无能为力，同时，如果有一些好的建议不妨提出来。总之，整个回绝的过程中要以和缓的语气，配合安抚的态度。

再次，拒绝最好表达明确。如果我们确实完成不了对方提出的要求，那么就诚实地在

第一时间给予回绝，以便对方有足够的时机另想办法。似是而非的拒绝会让人误会，拖拖拉拉的态度会让事情复杂，而答应了别人又反悔，会让人觉得出尔反尔、言而无信，都会让对方更加失望或气愤。

学会了拒绝，有利于我们成为更加轻松快乐、勇敢真实的人，无须有罪恶感，一个人的能力只有那么大，慢慢地彼此之间就会相互寻求理解。在这里我们不是宣扬为人冷漠，而是提倡做事果敢，一声“不”说出来，远没有想象中那么难。

侧耳倾听

## 拒绝是一种智慧与自由

1.有时候，拒绝的确需要点心理基础，女性在这方面偏弱，所以要多作一些暗示，告诉自己这没什么大不了的。

2.别因为拒绝后的自我轻松而回避每一次帮助人的机会，爱心会让人变得善良美丽，予人玫瑰，手留余香。

3.通常情况下，拒绝他人的语言技巧有直接拒绝、婉言拒绝、沉默拒绝、回避拒绝等方式，运用得当的话，会收到良好的效果。

· 20岁，我们吃妈妈做的饭，不但理直气壮，有时还挑三拣四，因为想做永远长不大的小女孩；

· 30岁，我们应该让家人吃到我们做的饭，一顿爱心餐，就可能变幻出温婉柔情的小女人。

## 好女人要懂一些厨艺

当第一代独生子女跨入30岁的门槛，多数人都有了另一半和孩子的时候，我们是不是也发现在他们身上，比前代人多了许多问题。至少下厨对于这代女人来说，俨然是不那么轻松的事情，在充满现代气息的年轻家庭里，厨房往往是最整洁的地方，因为较少使用，因为应酬很多，因为没有饭局也可以找点饭局，因为离父母近方便经常去蹭饭。

说实话，我可能具备一点儿好厨艺的遗传基因，因为我的妈妈做饭很好吃，但目前来看离能够拿得出手的水平还相去甚远。说忙那是借口，主要原因还在于我光吃不练，所以蹭饭、零食、水果餐都是我的大爱。结果某日，有点机缘巧合地蹭到某位朋友家，然后我就被一种非语言却极震撼的力量教育了。

在那张铺着绿白相间格子桌布的漂亮餐桌上，摆放着洁白精致的盘子，盘子里的食物真的可以用精美来形容，又绝不是中看不中吃的那种，味道超棒，口感也超好，总之我一边吃得心花怒放，一边佩服得五体投地。洗碗的时候，我请教她怎么会做得这么好，她颇有深意地说："我很爱我的老公，所以我乐意为他做饭；我很希望他健康，所以我学会了做洁净营养的家常菜；我很想让他每天都感觉新鲜，所以我摸索出了更多的做法。”

回去的路上，我的脑海中仍然不时地浮现出这句话，同时也在思考这样一个问题：女人，真的要一辈子必须与做饭有交集吗？说实话，我还真有点不甘心。

到家后照例上网闲逛，无意中看到一位熟识的网友更新了博客，文章的标题叫“小美女的私房菜”。虽然名字听起来有点像菜谱，但精致的美食图片，配上优美感性的文字，还真让人读起来兴致盎然。重要的是，凭我对她的了解，完全相信那些东西是她自己做的。博客的最后写道：“请不要把单身女子的生活过成方便面那样速食乏味的日子，系上美丽可爱的围裙，为自己下厨房，烹制出健康营养的食物，坐到餐桌边优雅地享用，热爱生活正是在生活的每一个细节里。”

同一天，我见识了两位喜欢做饭、厨艺又好的女性，她们给我的启示是，无论你是否结了婚，不管是想做给心爱的人还是做给自己，女人，懂一些厨艺真的没坏处。

吃饭是人类生命活动的第一需求，在不用他人的帮助下，把自己喂饱是一项最基本的技能。而且在爱的世界里，能够退去铅华，洗手做羹汤正是身为女性的另一种魅力。“上得厅堂，下得厨房”“宜室宜家”，别把这些当做男人的要求从而反感，倒不妨看成一种褒奖。所以，现代社会里聪明的女子，也决不会对做饭嗤之以鼻，视厨房为洪水猛兽。

反正此时的我已经有点心动了，打算今后勤抽些时间和厨房进行亲密接触。也许我没有时间去报个厨艺班接受培训，但可以从妈妈那里学到不少东西，也可以在书本或电视节目中得到启发。其实每个人都不至于笨到拿起菜刀就会发生流血事件，开了煤气就能点着厨房，说白了现代年轻人就是懒，懒到不想思考怎么做，不想动手去做。只要我们行动起来，就会发现一切都没有想象中那么困难。

女人如果爱自己，爱她的男人，爱这个家庭，她都会乐于研究烹饪，时常做出点儿美味可口、营养丰富、搭配合理的饭菜。女人应该是家庭的营养师，家庭成员的健康与否，很大程度上取决于我们用心的程度，取决于是否针对了每个家庭成员的体质，配制出健康的营养餐。

说到这里，你可能会感觉到了压力，也可能为终究要成为厨娘而叹气，其实不必，我们所提倡的懂一点儿厨艺，并不代表让女人天天下厨房，把洗衣做饭当做人生头等大事，但应该具备这种能力，并意识到自己已经过了衣来伸手，饭来张口的年龄。

好厨艺就像女人的一件别致外衣，不一定天天穿在身上，但每次用心地穿戴整齐时，都会达到惊艳的效果。

侧耳倾听

## 做一个美丽的“烟火女子”

1.都说拴住男人的心要先拴住他的胃，但不要只顾拴他的胃，而忘记了拴住他的眼睛，下厨的女人也要注意形象，千万别被熏成黄脸婆。烟火女子，可是很美的四个字。

2.做饭应该是两个人的事情，共同下厨能创造出快乐厨房。同样关爱也应该是相互的，当一个人累了病了的时候，另一个人去做一桌爱心餐，与此同时也奉上了无尽的温暖。

3.如一些爱写美食博客的朋友那样，当你做出精美的食物后，不妨也留下点纪念，这还真是种生活情趣呢。

· 20岁，我们总是坚持自我，也许经常不知道想要什么，但一举一动里都透露着真实；

· 30岁，我们应该寻找自我，就算有时什么都想要，也别让心灵迷失方向。

# 人生最大的孤独是丢失了自己

不知道你是否喜欢看镜子中的自己？不知道你有没有尝试过，站在洗手间的镜子前仔仔细细地盯着其中的影像？哪怕仅仅用十分钟也好，去完成一个仪式，不是化妆的步骤，而是寻找心灵的旅程。现代都市人太容易迷失自我，忙碌并不一定能够完全摆脱茫然，所以有时常常连自己是谁都不知道。

有段时间，那种迷惘很深切地侵袭过我和我身边的人，让我们觉得慌乱又恍惚。

同时，也是在那段时间，我看到了一本书——《失落的玫瑰》。应该说，我最先是被封底文案吸引住了，那句话是："你过着自己想要的人生，还是别人期望中的？"

小说的主人公狄安娜是个美丽的姑娘，她在单亲家庭中长大，有一位非常爱她的母亲，母亲身上有足够她一生来学习和感悟的优点。年轻、鲜活、貌美、聪慧、时尚的狄安娜同许多年轻女孩一样，爱慕虚荣、追求物质、喜欢赞美，也希望自己在他人眼中完美无缺。她儿时的理想是当一名作家，但长大后却选择了学习法律，并且即将在两家向她抛出橄榄枝的事务所之间进行抉择。其实狄安娜深知，如果给她一千次生命，每一次生命，她都会想要当作家。选择法律的唯一原因，只不过是自己担忧的想象，倘若只能成为一名平庸的作家，那将会多么可怕，而且，律师这份体面的职业，完全符合别人对“狄安娜女神”的期望。

或许她的人生即将按照这个轨迹走下去，但残酷的事实却改变所有规律，她母亲生病了并将不久于人世。母亲请她帮忙完成一个心愿，去寻找她的孪生姐妹玛利亚。狄安娜在母亲去世后，经过了一路找寻最后竟然发现，其实玛利亚正是她曾经忽视的自己，也可以说是她应该去找寻的自己。那是母亲的谎言，却也是能够留给她的最好的礼物。

完成了这次寻觅手足的旅程后，狄安娜拿起笔，开始写自己的第一部作品，有关她寻找失落的玫瑰的故事，有关一位母亲所能够给她的全部启迪。她不再害怕写得不好，或者有人不喜欢，只要是尽力了，达到自己所希望的样子就行。

毫无疑问，每个人都有弱点，有些弱点我们甚至很多时候都会忽略。那么，不如问问自己，是不是也愿意听着赞美，在别人的期望中迷失自我，然后变成别人所希望的样子？其实我们几乎天天都会在化妆镜前看自己的脸，但那看的也只是脸，或者脸上的妆容。可曾注意到脸上有过怎样的光芒或忧伤，一如晨曦打在洁白的窗棂之上。如果此时，我们想透过镜子看清自己，就从眼睛那扇窗口开始，悉心地去发掘眸子里映出的所有。就那样一点点地剥离，露出初生的情绪，或者深藏的秘密。

如此的探索与寻找，对于每一位走失在茫茫人生旅途中的女性来说都十分必要，有时候，我们应该勇敢地去面对自我审视的目光，即使这样的目光很矛盾。有犹豫，也有信心；有恐惧，也有勇气；有淡然，也有惊喜；还有下一秒的自己，永远的未知，却渴望定格在这一刻的凝望里。我们仿佛听到自己对镜子里的那个影像说，你不要总是这样，站在那里笑靥如花，心底反倒远离着快乐。你要敢于作出决定，并学会拒绝和放弃。我们不要经常茫然，如果在山洞里迷路了，那么就朝有光亮的地方走，哪怕只看到一点点微光。

那投射在镜子中的影子，或许会通过我们的眼睛，再次返回到内心。幸运的话也许能让我们感受到自己身体里那个孪生的姐妹，她与我们相似，却更美好优秀，她有太阳的光芒，而我们的那一丝清辉，可能还得益于她的反射。只是很小很小的时候，我们就与她失散了。当我们在为自己的万千宠爱与呵护而庆幸时，她已经带着自由的灵魂，站在繁星璀璨的天宇。她看着我们，我们却看不到她。因为很多时候，我们的眼睛都被这个世界骗了。

因为这个世界里有太多的诱惑，因为我们心中有许多难解的心绪，尤其在复杂多变、充满转折可能的30岁，的确不应该再像20岁的女孩儿般迷茫，而应该能够更清醒地认识到自己想要什么，又能追求什么，知道好坏都不是绝对的，取舍间必有得失。

所以，不管外面的天空里，是否映出了皎洁的月色，我们仿佛听到了零点的钟声，悠扬地回荡在心间。它好像在说，一天过去了，而每一个明天，都可以拥有崭新的自己。其实我们心中所有的美好，都不曾丢失过，无论是童年的歌谣，还是校服的裙摆；无论是初夏的光阴，还是光阴里美丽的回忆。当我们懂得了寻找，生命里才有更积极的意义。

侧耳倾听

# 拯救伪快乐的自己

1.寻找丢失的自己，首先要有勇气。因为我们可能要打破原有的自己，唯有如此，才能明白到底缺少什么，到底该怎么做。

2.寻找丢失的自己，并不是在否定原来所拥有的一切，它们也是某种意义上的存在，我们只是要去拾起一些失落的东西。

3.女人在努力地认识自我时，也有必要去认清男人，这个世界里只有这两种性别，我们在寻找自己时，为什么不能同时去寻找真实的另一半?

· 20岁，我们总是有着纷繁的愿望，盛大的理想，恨不得让全天下人都知道自己想干什么；

· 30岁，我们不得不现实地存活，却又经常茫然失措，有时候自己都不知道自己想干什么。

# 别让梦想越来越遥远

曾经，我和她都是很年轻的女孩儿，有着某种程度某些方面的相似，喜欢过同一个作家，满世界地找她的书来读。

至今我还能很清楚地记得我们一起看过的那篇随笔，有关日本樱花与巴黎霓裳。这也是关于梦想的表达。作者对她的好朋友说，你会出名，到时我们一起去日本看樱花；她的好朋友对她说，你会发财，到时我们去巴黎买衣服。就这样，日本樱花与巴黎霓裳成了她们一个明媚而遥远的梦，每当夜深人静的时候，她们就开始想象自己虚设的未来蓝图。

记得那时，我们也有梦想，很多很多。

如此，经历了岁月的变迁，当我们再次对坐在咖啡吧消磨某个周末的下午光阴，再次聊起这样的话题时，才发现，原来我们梦想实现得太少，而且越来越遥远。然后开始感叹时光飞逝，弹指间就是五年。最后我们反省，如果再没有紧迫感，再不努力，下一个五年也会迅疾而过。到时候我们仍然要接着感叹已经流失的上一个五年，

可我们的梦想，现在又有多少呢？是忘记了梦想这回事，还是真的过了追梦的年龄？

那么，我们是不是需要抽出时间静下来想一想，自己目前的生活是不是过得太现实，连理想是什么都不知道了？还是始终如花季少女般整天做着色彩斑斓的梦，一晃岁月雕刻了曾经的容颜，我们却依旧迷惘失措？

谁都不能否认，人生因为梦想而更加繁华与璀璨。作为女人，即使已走过三十载光阴，即使我们的生活看似已经定型，但也不能丢弃美好的愿望。因为缺失了它，会让人觉得生活天天如此，未来毫无新意与惊喜。拥有梦想的女人，正如一只拥有美丽翅膀的鸿雁，可以自由翱翔，同时又充满期待。拥有梦想的女人，会像一艘拥有稳固船桨的轻舟，可以扬帆远航，又能乘风破浪。拥有梦想的女人，仿佛是一个从童话中走来的纯洁天使，给人希望，也给人力量。

梦想不只属于追风少年，也不只是成功者的专利。对于事业、家庭、朋友、环境、自己等等方面，都可以怀有美好的心愿，便也无形中促成了一个个梦想的酝酿。我们可以设立一个远大的理想，用尽一生来探寻与追求。同时，也可以让很多个小理想贯穿于生活之中，一点点地去接近与实现，这样不经意间总是能够获得惊喜，是对于自己辛苦努力的完美回报。

然而，我们身边还是会有些女人，任凭岁月洗涤了自己年轻的身体和积极的灵魂，放逐了曾经的追求，认为最好的年华已经过去，人生便只能如此了。事业上不喜也不厌，不用太拼命可也别出错就可以；婚姻上不咸也不淡，反正彼此已熟悉到没什么激情可言；对朋友不远也不近，日渐麻木的心将友谊也慢慢变得如同鸡肋；对自己不好也不坏，心思要分得太多，宠爱成了远去的意念。这种状态下的梦想呢？通常不去想，也不敢想，总觉得它越丰满，在现实的残酷里就会越骨感。

其实未必，只是我们自己放弃了，懒惰了，茫然了，极端了。

梦想诞生于人的思想中，我们为了它踌躇满志、跃跃欲试、积极努力，而如果想让它不那么遥远，容易实现，更有必要将它扎根于现实的土壤里。

所以，我们的梦想不只要美丽，还要具象。不具体的梦宛如白日梦，是缥缈的影子，很难有实现的可能。现实是每个人都不能逃避的存在，尤其对于成熟女性来说，家庭责任和社会责任都要求我们必须正视自己和自己的未来。理性、冷静、懂得权衡，是我们这个年龄所应该具备的人生态度与心理素质。

我们佩服能够为理想而努力不懈的人，也理解因为现实的无奈而放弃了梦想的人，所以，聪明如你，何不将梦想构筑得离现实近一些，何不为它们抓紧时间和机遇更用心一些。别去复制别人的理想，也别去羡慕别人的人生，哪怕是在最平凡的生活中，只要有一份默默的追求和辛勤的耕耘，只要守着一份小小的希望，未来都会因此而变得更加美好与斑斓。

在现实与实现之间，仅仅只差一个梦想的存在，从某种程度上说，那也是我们自身存在的意义。其实，梦想宛如亲密的爱人，不是远去的初恋。

侧耳倾听

## 让梦想照进现实

1.梦想最大的敌人就是等待。永无止境的拖延，永远给懒惰找寻借口，永远没有放手一搏的勇气，那么，我们只能永远停留在“梦”与“想”的阶段。

2.梦想最好的朋友就是追求。这是一种姿态，也是一种心态。永远保有这样的人生态度，不论我们到了什么阶段，都会有梦，都会有一个自由挥洒的舞台。

3.梦想最好的搭档就是现实。只有将二者完美地结合，才会减少失意的悲剧。仰望蓝天，同时脚踏实地，正展现了成熟女人的聪慧与明晰。

· 20岁，最适宜制订好学习计划，完成好学业是我们走好人生的第一步；

· 30岁，最适宜制订好人生计划，作不好对未来的规划可能让我们走错每一步。

## 到了需要制订人生计划的时刻

有没有过这样的感觉，在自己刚跨进30岁人群的行列时突然茫然起来？一方面看着渐行渐远、越来越少的青春时光叹息不止，另一方面盯着自己脸上悄然出现的细纹、身上偷偷长出的赘肉惊慌不已。一方面被繁重的工作压得喘不过气，另一方面却对千篇一律的内容日益麻木、毫无激情。一方面时时焦虑，觉得人生这样下去就完蛋了，另一方面却从没想过行动起来，为自己作一份详细而完整的计划。

你到底想要什么？你又能够为自己做些什么？30岁，我们来自问这样的问题还不算晚，但也绝对不早了，因为如果上面的状态持续下去，将慢慢吞噬掉我们整个生命。

时间是这个世界上最无情的杀手，它消耗着人的生命，也消磨着人的意志，我们总是在不知不觉中被时间改变着。倘若不能及时地为自己制定目标和调整目的，倘若不能合理地规划实际的生活，我们必将被无声流逝的时间所击败。聪明的女人不会永远活在对过去的感叹里，但会总结过去；也不会永远活在对未来的幻想里，但会规划未来；重要的是，她们活在当下，并且了解自己。

其实说到底，每个女人都希望有安稳、富足、快乐、幸福的人生，最好还能多姿多彩、与众不同，在属于自己的那片天空里尽情徜徉，但是别忘了，上帝总是垂青那些头脑有准备的人。所以，我们想过幸福的人生，就要先开始认真地规划人生。

首先，职场规划是个人人生规划中的重要部分。女性在当今的社会环境里早已经不是附属品，所以对职业生涯的计划理应被提上日程，那么，接下来我们不如仔细地思考一下：我现在在做什么，将来又要做什么？我现在的职位对自己来说有多大的发展，它是我长远目标中的一环吗？我希望能拿到多少薪水，获得多少保障？十年，二十年后我的办公桌又在哪里？……

就这样问下去，清醒、理性、认真，这正是身处职场的女性应该持有的态度，只有了解了自己的现状和想法，才能树立下一步更明确的目标，才能朝着目标而努力，最终抵达事业上理想的彼岸。

当然，职业不可能是一个人生命的全部，每个人的人生都是由诸多方面所构成，不能为了其中之一而牺牲掉所有，应该让它们平衡地发展与推进，创造出健康完满的状态。

所以，我们还要问问自己这样的问题：我现在最想做的是什么，哪些事情可以完全没必要去做？我下个礼拜有什么计划，下个月有什么计划，下一年又有什么计划？我现在快乐吗，最想和谁在一起？我吃得健康吗，家人的身体状况又如何？我想去哪里放松一下身心，海边还是小镇？

如果我们只有一天的时间了，其实什么都不用做，但正常情况下却还有漫漫的几十年，如果什么都不想什么都不做，那就太可怕了。不过我们倒也可以想象一下自己只有一天时间，只去安排这一天的任务，然后立刻行动，这样时间才没有白白地浪费掉。

我知道所有的这些问题，至多也就是能引发出一个思考的态度，每个人的生活不一样，必须结合自己的具体情形，来设定那些至关重要的人生问题，来规划出切实明晰的人生目标。那么，现在就拿出一张纸吧，从职场到生活，为自己列一张最全面的清单。工作、感情、家庭、朋友、自我等等，每个元素都是完美人生不可或缺的支撑点，所以都不能忽视。

拥有明确的人生目标和美好梦想的女人，脸上可以绽放出自信与希望的光芒，这光芒会照亮男人的眼睛，点燃世界的璀璨。

侧耳倾听

## 精致人生，减法生活

1.有些事情现在不做，一辈子都不会做了。制订了计划后不要再等，立即行动，这才是关键。

2.我们可以作复杂的规划，但要学习过简单的生活，这有利于培养出更好的心态对付那些复杂的困难。

3.知道制定目标，但也要懂得随时间的改变和具体环境的变化来加以调整，人生追求需要积极而又灵活，而不是一味地负重或僵化地前进。

· 20岁，属于自己的时间很多，但从没有想过认真规划，即使去赴约也总是风风火火；

· 30岁，属于自己的时间渐少，所以要懂得打提前量，这样与人见面时才能从从容容。

## 善于管理时间的女人更从容

和别人约了9点见面，可我还是起晚了，慌乱地整理仪表，急急忙忙地出门，一路上都在暗暗祈祷，不要堵车不要堵车，却偏偏遇上了一条让众多车子排成长龙的路。无奈，下车奔向前方的目的地，真是恨不得将高跟鞋变成运动鞋。终于汗涔涔地出现在对方面前，看表，比约定时间晚了五分钟。只能很不好意思很诚恳地跟对方道歉，虽然她表示不介意，但自己却好半天都找不到最佳状态。不得不承认，是我的迟到破坏了一次本该很完美的会面。

与我出现的问题相似，当妆容精致的白领丽人为追赶一趟地铁而急步奔跑时，当打扮得体的美女们为了避免迟到而挤进人满为患的电梯时，当手握方向盘看起来极优雅的女士因为将要错过约会时间而不停地看表时，想想，这该是一幅幅多么不协调的画面。然而，这情况确实存在，并在生活中被日复一日地忽视着。

如果问一位男士，最不愿意陪女人做什么，大概很多男士会说："逛街。"为什么他们不愿意呢？原因很简单，受不了女人的磨磨蹭蹭、犹豫不决，受不了无穷无尽的等待。首先他们要虔诚地恭候女人出门，而出门前的那段等待也真是考验人。然后再陪伴着无休止地逛，试装的过程也同样折磨人。

其实，美女们是否想过，具有良好的时间观念是一种不可忽视的礼仪细节。因为这样会展现出从容、优雅、有条不紊的状态，它对于成熟的女性来说意义尤为重大。扎着马尾的小姑娘，还可以毛毛躁躁，无所顾忌地奔跑，而手执文件或拎着坤包，脸上化着精致淡妆，脚上穿着细细高跟鞋的女性，先不说跑起来会有失淑女风范，就是那鞋跟可能都不会允许。那么，为什么不能准确地安排时间和把握时间呢？这会让我们的生活工作发生翻天覆地的变化。

迟到的确是个非常不好的习惯，但多种客观因素决定人很难做到从不迟到。在即将迟到的情况下我们的行动难免会变得慌乱。那么，为了避免迟到不顾形象地拔腿狂奔或许可以理解，但并不提倡。不能说迟到的人一定没有时间观念，不过排除一些突发事件外，剩下的确实属于自己对时间没有掌握好。或许真的是路上塞车，可为什么不事先把堵车的时间提前打出来呢？或许是为了女性的优雅化个精致的妆而多占用了时间，可为什么不能提前把这些做好呢？手忙脚乱的情况下怎么优雅？

凡事打个提前量总没有坏处，拥有这个提前的意识，时间就会充裕很多，可以让人从容地走进等待者的视线，甚至有时间准备好一个微笑。

比如周末的上午 9 点有约，那么就不要睡到 8 点才起床，至少要再早起一点儿，这样清洁、化妆、选衣服便都可以轻松地搞定了。如果是下班后有约会的话，可以在下班前去洗手间的时候，顺便站在镜子前补补妆，整理一下发型。如果需要临时到美容院或理发店作个护理，那么就把约会时间定得晚一些，他也可以利用这段时间处理一下个人的事情，总比在一个地方傻傻地等待要好得多。

我们对待交往的男友，不要认为让他等是对于爱情的考验，可以检验出他等多久，爱便会有多深。这是小女子的胡搅蛮缠，并不是现代的知性女人所应该有的态度。

假如我们的时间真的没那么宽裕，不可避免地迟到了的话，一定记得在约定的时间前给对方打个电话，讲明白因为什么事情而晚了，诚恳地表示抱歉，请求谅解，这是最基本的礼貌，也是对于不良后果的最好弥补。聪明的女人，理应记得，约会尽量不要迟到；一旦迟到了，要懂得怎样处理。

迟到是一个人时间观念最直接的反映，而时间观念的运用，还表现在作计划和规划上。不管是工作的，还是生活的，能够努力地按照自己规定的时间完成任务，会极大地提高效率，既能表现出干练的一面，也会给人以值得信任的感觉。否则，会让人怀疑我们的工作能力和事业心。

作计划时，有必要统筹一下自己可以拿出的时间，可以紧凑些，但也应张弛有度，别过分地勉为其难。目标要实际具体，这样更有利于增强时间观念。对待作好的计划或别人交给的任务时，永远也别想着拖到最后一秒才去完成，适当地提前一段时间，既让老板客户放心，也会让自己舒心，而且还能有足够的时间和精力来解决意想不到或突如其来的问题。

坦白地说，已经走入职场中正常稳定轨道的女性，应该对自己今后的人生有一个清晰的规划，如此，生活才不容易陷入茫然和窘迫，才能更加自信与从容。

所以，不管对于日常生活中的分分秒秒，还是未来发展的宏伟蓝图，我们都应该努力让自己成为时间的主人，只要能够更好地珍惜时间的存在，正确地对待时间的流逝，那么，女人连老去，都会是优雅的。

侧耳倾听

## 懂一点儿慢生活的乐趣

1.时间是一列飞驰的快车，我们无法让它停止，也无法让它倒退，但时间也是海绵里的水，可以最大限度地利用和规划。把握好可以把握的，不必过多地为虚度光阴而悔恨。

2.在生活节奏越来越快的都市中，偶尔让自己慢下来一段时间，我们能发现一些意想不到的美丽风景，会将它凝结成生命里特别的记忆，记忆中的我们正从容不迫地停留在那段光阴里。

· 20岁，我们喜欢过年，不害怕时间的流逝，享受着恋爱，憧憬着未来，觉得每过一天惊喜都会多一点儿；

· 30岁，我们不喜欢过生日，害怕岁月的辗转，沉浮于职场，忙碌于生活，觉得每过一天美丽就会少一点儿。

## 调整出好心态，远离年龄恐慌

阿狸30年没有失控过，但第一次失控就让老公感受到了八级地震般的强大。原因就在于中午阿狸去老公单位探班的时候，无意中发现他正与一个年轻漂亮的女同事谈笑风生，更可气的是那人还毫无顾忌地到他的餐盒中夹菜。阿狸回家后声色俱厉地讨问："那女人跟你什么关系？"老公赔着笑说："同事啊，只是同事。"

"同事会那么没有深浅地和你同食？同事会跟你笑得那么灿若桃花？同事会看到我后立刻变得很尴尬？"阿狸丝毫不让地步步紧逼。老公好脾气地摊着手，"其实她跟谁都那么笑，跟谁都不怎么客气。尴尬？我倒没觉得啊，也可能第一次看到你不好意思吧。"

"谁相信你的狡辩！！"阿狸抱着被子砰的一声关上门去了客房。留下老公一个人在卧室里懊恼万分，却也百思不解。凭他对阿狸的了解，这件事情实在不至于如此啊。早在几年前，他身边也不是没出现过倾慕者，那时阿狸还风采翩然地站到对方面前，语气客气而温和地说："很高兴你对我老公平时的关心，周末来我家里吃饭怎么样？"那份潇洒、大气与自信，令对方一时间不知所措，连连摆手说："不打扰了。"而旁边的男人早已在暗暗佩服。可现在究竟怎么了？从前那么有风度的她何时学会了捕风捉影，斤斤计较？

次日早上，老公在洗手间刷牙的时候，突然被阿狸从后面抱住了，她嗫嚅地说：“对不起，我害怕。”老公不明所以地转过身问：“你怕什么呀？”

“我害怕过年，害怕过生日，甚至开始害怕照镜子，害怕我的健康、身材、容颜都走下坡路，害怕别人问我多大了，害怕见到二十几岁的女孩儿青春无敌的样子，害怕时间过得飞快，一眨眼我就会满脸皱纹，满头白发了。我害怕那种不可避免的改变，却找不到改变这种变化的方法。我觉得自己马上就要老了，你不觉得吗？”

多么真实的心态啊，对于无法遏制的时光流逝，对于呼啸而来的年龄恐慌，应该是困扰着不少30岁女人的问题吧。19岁的时候，我们从不提防20岁的到来，因为那时我们依然娇艳如花。但是29岁，我们该有多么害怕30岁的来临，好像一过了30岁，我们就与“女孩儿”“青春”“娇美”“无忧无虑”这样的词永远无关了。女人对于永葆年轻貌美的渴望，会随着年龄的增加而越来越强烈。所以，时间往往被许多女人看成是最大的敌人和最残酷的摧毁。

但我们是不是应该想一想，将自己禁锢在年龄问题上苦苦纠结有用吗？就算我们害怕它，回避它，它仍然会按照原有的规律走下去。和不能改变的事物作无意义的抗争是愚蠢的行为，只有顺应这种变化，积极地应对这种变化，才是聪明的做法。

也许年龄可以改变和限制很多东西，却不能绝对地决定一切。此时的我们，虽然眼角可能出现了第一条皱纹，但谁能挡住眼睛里散发出自信的光彩？此时的我们，虽然可能稍微珠圆玉润了一些，但整体的气质与熟女的风情也会释放得淋漓尽致。

我知道，女性站在30岁的起点上的确很容易迷茫，这种迷茫不是如年轻女孩儿找不到自己的定位那般彷徨，而是因为很多东西被确定了，才不禁慨叹：“人生真的就这样了吗？”不管每个人的具体情况如何，大多数女人都会心有不甘，不甘心就那样老去，不甘心生命里悄然丢失了令人怦然心动的爱情与激情，不甘心生活由精彩走向平淡。

“如果我能年轻10岁……”这是不少30岁女人说过的话和曾设想过的问题，其实，为什么不想一想，40岁的时候，我们是不是还要说这样的话？如果始终以不坚定不自信的态度过下去，不是没有可能。所以真不如先知先觉地把握好自己30岁的年华，面对十年后收获良多的果实，会觉得它们是这十年人生给予我们最好的礼物。

我们成熟起来的第一步，就是坦然接受自己的年龄，积极面对无法控制的客观改变，并培养出与之相匹配的心态。只有认识到这一点了，我们才能更好地去做这个年龄该做的事。不再为无所谓的事情纠结，不再为没必要的东西浪费时间，不再为无望的爱情苦苦坚守，不再为未来的道路茫然失措，因为我们知道自己在做什么，每走出一步都是在朝着理想、幸福与成功迈进。

女人成熟起来的方法和标志，就是要让自己越来越有魅力。高雅的品位，优雅的举止，淡定的目光，柔和的微笑，迷人的风韵，独特的气质等构成了魅力的要素。这些需要每一位女性潜心修炼，用心缔造，它更多的不是源自与生俱来，而是在岁月的流转中慢慢地沉淀与积累。最重要的是，它们不惧怕年龄的考验。

那么，努力让自己逃出对年龄的恐慌，要相信，我们有潜力也有信心将自己打造成经得起时光雕刻的艺术品，散发着足够照亮一生的光芒。

侧耳倾听

## 有味道的女人不会怕老

1.人生是一道复杂的混合算式，当年龄是加法的时候，对待生活中很多东西都要有减法的心态，从容是女人最优雅的姿态。

2.正因为时间不可能停止，所以，无论怎样都不可以放弃自己不断前行的脚步，成长是女人最好的护肤品。

3.永远有自己的想法和判断，永远有自己的性格和空间，永远给自己勇气和希望。心里有动力，生命中才能充满阳光。

· 20岁，我们嘴里喊着好郁闷，心里却仍然有着小快乐，就算真遇到点烦恼也会很快雨过天晴；

· 30岁，我们习惯了将郁闷装在心里，嘴上却不再愿意提及，即使想如躲瘟疫般回避也难逃情绪低谷。

## 有能力阻止抑郁的侵袭

有些东西，我们总是不愿意正视它，可又不得不去正视。

朋友的表姐，前段时间精神上有些抑郁。其实她完全算得上养尊处优的女人，结婚两年便做了两年的全职太太，连工作都不用做，更谈不上什么职场压力，可竟然还是抑郁了。平时不想见任何人，不想做任何事，发呆，烦躁，烦躁，再发呆。家人也不知道怎样劝解，心理医生开了个最简单的方子，多与人接触。因此她妹妹经常将她带到我们中间吃喝玩乐，久而久之还真有了些好转，但空虚的精神状况似乎还没有完全解除。

目前，这世界上精神无聊、烦闷、抑郁的人绝不在少数。有些人，生活无忧，自在清闲，可还总是内心苦闷，迷惘惆怅。有些人忙得甚至什么是休息日都不知道，物质生活极大丰富的同时，精神上却越来越空虚，那些物质所带来的愉悦几乎没时间去好好消化。有时难免问自己，这到底是为了什么呀？那样拼命，不就是想活得更好，可是怎么一点儿都不快乐？

难道我们真的丢失了快乐的能力和爱的能力吗？其实远不应该这么认为。想想最初，谁不是在母亲温暖安全的子宫里孕育成形，吃饱喝足睡好，这就是最简单的快乐，而曾经能够牵着手在操场上奔跑，这也许就是最单纯的爱。那么现在，很多事物都发生了变化，我们对于快乐幸福的定义也不那么简单了。欲望渐渐地多起来，什么都想要，甚至可以不惜一切代价，有时我们牺牲的那些，正是快乐的源泉。即使最后实现了欲望的满足，内心却还是无法获得真正的幸福感。

也许以我们现在的年纪，可能还悟不出活着的真正意义，但是前几天在一本杂志上看到这样一句话，活着，就是为了遇见美好。

我们应该有着美好的心灵，美好的思想，尽可能地保持着美好的容颜和美好的情绪。岁月在沉淀着过往的一切，也必然会慢慢过滤掉年轻的浮躁。随着我们在社会上行走的时间渐长，积累的知识和经验渐多，眼界和思维都会日渐开阔，那么心态如果不能随之变得更加积极、淡定、平和，我们所得到的很多东西都将成为沉重的枷锁。

所以，社会越复杂，生活越烦琐，工作压力越大，人际关系越难测，我们越应该懂得调整心情，让自己活得简单而快乐。女人如水，理应自然、温婉而宁静，何不用我们的脉脉温情，点亮一盏可以照亮身边世界的灯火。在别人生病的时候，送去一声问候，而不是冷漠地无动于衷。在别人烦恼的时候，送去一声安慰，而不是麻木地冷眼旁观。在别人失意的时候，送去一声鼓励，而不是绝情地落井下石。所有的这一切，都将呈现一个女子如诗如画般的美丽，如天使般能够拯救世人的善良。

这样的女人，可能穿着纯棉的衣衫，睁着虽然经历了些世故却依旧纯真的眼睛，带着可以融化积雪的笑容。她们身边会跟着很多朋友，人们喜欢与她们在一起，聊天、谈笑，甚至只是对坐。她们身边的人或许曾经被治愈过，或者正在被治愈着。

这样的女人，经过了从青涩到成熟的蜕变，似乎对人生的认识多了几分深刻，也多了几分洒脱。知道每个人都会长大，在成长的过程中，慢慢地会背负起更多的家庭义务和社会责任，遇到各种各样的人生问题。如果过于贪婪，过于在意不该在意的，过于杞人忧天的话，我们的生活将会异常沉重与灰暗。其实活着，就是为了发现那些美好的东西，可以静静地远观，也可以尝试接近，在吸取到积极能量的同时，也别吝惜传达自己美好的心意。

踏小桥流水，看夕阳西下，观潮起潮落，哪怕只是背靠着背坐在地毯上，发发呆也是不错的。这种平和的美好从来都不缺少，只是往往被我们忽略了。

所以，做一点儿自己喜欢的事情，爱一些我们想爱的人吧。相信不管我们有多老，依然会成长；而不管我们有多年轻，终究会老去。那么，优雅地老去，快乐地老去，幸福地老去。只要生命里还有一点儿星火，也要努力点亮自己的世界，同时温暖别人的世界。

侧耳倾听

## 培养自己的心灵力量

1.做治愈系女人远没有想象中那么简单，它对自我的要求非常高。我们需要具有良好的心理素质和强大的磁场，还要有更多的耐心、爱心和坚韧，不过温柔的30岁女性已经具备了这种潜质。

2.虽然我们有意于做治愈系女人，但应该明白，平时还是要尽可能多地与积极明朗的人在一起，这样，我们才会有饱满的能力和释放能力的动力。

3.抑郁已经成为世界性的心理问题之一，谁都可能有抑郁的时候，大大方方地正视自己的心情和健康，积极地寻找改变的方法和快乐的方式，这点小问题，根本不是问题。

· 20岁，我们的心情可以像六月的雨，来去不定，变幻莫测，却滋润着夏日的新绿；

· 30岁，我们的情绪应该像金秋的暖阳，和煦明朗，温情静美，照耀着孕育成熟的果实。

# 快乐女人有自己的情绪管理术

陈尘最近不知怎么了，每天对着工作报表却什么都不想做，下属来汇报工作也基本上听不进去，而且早晨又起晚了，面对老公问领带在哪里、孩子赖着床不起来的情况简直烦不胜烦，开车上路后又遇到一如既往的塞车，迟到已成必然，心里真是郁闷得想骂人。

带着焦躁和怨气的陈尘在下午的部门会议上果真没压住火，当着很多同事的面，与一个比自己小五六岁的女孩儿吵了起来。女孩儿是典型的80后独生女，任性骄纵，挨不得批评，何况陈尘今天批评人的语气又凶又狠，丝毫不留情面。看到小姑娘顶撞自己，陈主管恨不得将文件夹砸过去解解气，但她的目光突然停在了女孩儿因争吵而有些变形的脸上，心里不自觉地想，此时别人眼里的我也如此吗？丑陋、狰狞、不雅，简直和泼妇没什么区别。

一个小姑娘不懂事尚且可以原谅或无视，但已经30岁的女人还如此粗鲁浅薄，毫不在意形象地与对方争执，真是件可怕的事情。想到这里陈尘平了平心绪，将文件夹轻轻地放下，对女孩儿说："不好意思，我们会后再来谈这个问题，你先坐下吧。"会后陈尘心平气和地与女孩儿交换了意见，她发现只要将心态放好了，沟通真的会变得容易起来。下班的时候，她去超市里买了不少东西，准备给丈夫和孩子一份惊喜，再看着手中的鲜花，更是有信心可以营造出一个温馨的夜晚。

现代社会的都市白领似乎是让人羡慕的群体，她们学历高，收入也高，而且从事的工作又很体面，然而我们往往只看到了其光鲜的外表，却忽略了她们因职场竞争的激烈而产生的巨大压力和种种心理问题。尤其是30岁左右的职场女性，不只承受着工作上的考验和挑战，还需要应对来自家庭生活的纷繁琐事，就算有三头六臂都会觉得不够用，疲惫不堪的状态日复一日。所以她们经常会莫名其妙地烦躁、恼怒或郁闷无聊，不再有心思享受风花雪月，也习惯于拒绝与人交往，兴趣爱好逐渐减少，人变得麻木了很多。

如果这种状态还得不到我们重视的话，那么将会有很多女人掀起情绪的风暴，想想世界将会变成什么样子。良好的心态才能孕育出一个人从容淡定、积极向上的品格，不管身边发生了什么事情，抱怨无度、怨天尤人都是没有用的，这样只会让我们的情绪越变越糟糕，从而引发更坏的结果。

于丹教授说过这样一句话，每个人的一生中都难免有缺憾和不如意，也许我们无力改变这个事实，但我们可以改变看待这些事情的态度。

你看，女人应有的成熟心态，在认识事物和社会交往中会起到多么重要的作用，而管理好自己的情绪，对这种心态的培养又有着直接的影响。那么我们该如何管理情绪?

首先要平和淡然。世界上没有什么天塌下来的大事，让我们过度地惊恐惶然，也没有什么东西值得我们撞得头破血流地去狂争豪夺。淡然处之说不定上天会给你一份意外的惊喜，平静的女子总让人忍不住想去靠近。其次要宽容豁达。不要过分地在意一些小事，其实仔细想想，每天让你劳心伤神的大部分都是鸡毛蒜皮的琐事，对别人宽容的女性，会散发出特别的美丽与美好。再次要积极乐观。生活工作的压力谁都会有，困难与挫折谁都可能遇到，但当我们心怀希望与梦想，充满激情地为自己的目标而努力时，会觉得阳光就在身边温暖地照耀。最后要自信独立。当女人拥有了这样两种品质，她便可以由内而外地散发出更多积极的能量，让我们不由自主地远离了唠叨、抱怨、无聊、低俗等不好的状态，同时，男人欣赏的目光也会情不自禁地投过来。

此外，面对无法回避的都市压力病，我们可以寻找一些解压的小方法。比如给自己留出一些时间和空间，悠闲地散散步，安静地发发呆，专心地读读书，美美地泡个澡。反正自己喜欢的都可以抽空去做做。我们还可以在身边放一些植物，看着它们安适地生长，蓬勃翠绿、生机盎然，心情也会变得愉快起来。生活中尽量不要经常跟情绪消极的人接触，他们会降低你的积极性，给你带来坏情绪的连锁反应。你可以真诚地关心和开导心情不好的朋友，但不要让自己成为他们坏情绪的回收站。个人一旦遇到压力时，用深呼吸的方式让自己放松，给蜂拥而来的工作任务排好先后次序，先做必须做的，压力会减轻很多。最重要的是，我们不能在任何事情上都一味地追求完美，这样会让自己和他人都觉得疲惫，烦乱的心绪自然也随之而来。

懂得心疼自己的女人，从现在开始就努力地让自己快乐起来吧，别再让情绪的恶魔控制你本应该美好的生活了。请在阳光初放的早晨，拾起一个美丽的心情。

侧耳倾听

## 随时随地给自己一些好的心理暗示

1.当你感到焦虑时，请告诉自己：有什么可以焦虑的呢？我所担心的事情，大约有70%还没有发生，而20%已经过去，只有10%正在发生，也就是说我只需要全力地做好这10%就可以了。

2.当你感到不幸福时，不妨告诉自己：其实我并不是不幸福，只是心里总想着要比别人幸福，要追求比别人高的标准。想想多愚蠢啊，每个人的幸福都是不一样的。

· 20岁，我们想的是恋爱，可以无忧无虑地与男孩交往，让爱情如烟火般绽放，哪怕没有爱情，也拥有一个人的洒脱；

· 30岁，我们想的是结婚，可以岁月静好地与男人生活，让婚姻如磐石般安稳，哪怕没有婚姻，也要有单身的快乐。

## 即使单身，也应该快乐

冰心对铁凝说：“你不要找，你要等。”而铁凝这一等就等了20年，在50岁的时候终于遇到了想要托付终身的人，结束了多年的单身生活。

显然，这并不是说每个女人都要等到50岁，也不是说一定要等到这个年纪才会碰上想嫁的人，而是想说，有时候我们急三火四地寻找，饥不择食地来对待爱情与婚姻的选择，反倒可能离所追求的幸福状态越来越远。

就像我亲戚家的女儿，从28岁开始展开声势浩大的相亲运动，她母亲作为此运动的总指挥，像给明星排通告一样安排着女儿的每周见面会。周围的亲朋好友也全部被她发动起来，绞尽脑汁地为这样的活动提供各色男人，真的不是夸张，她女儿所见的相亲对象数量着实惊人。纵然这般频繁，两年过去，她仍然没有稳定的男友，更别说能深入交往下去的异性。

结婚？当然想，她母亲恨不得立刻将她嫁出去，其实她自己也希望走入婚姻，而且很喜欢孩子。但就是碰不到那个合适的人，高不成低不就，这种情况是最要命的。听说有一次，她自己躲在家里哭，导火索是对母亲让她不停地去见不同男人生出了厌倦与恐惧，显然她的心态和情绪都出了问题，再这么下去，会对结婚充满更大的绝望与畏惧。

其实我很想问问她，单身真有那么不快乐吗？还是某种急迫的心态打破了原有的快乐？

还有一位朋友，刚刚度过30周岁的生日，始终单身，性格也有些内向。最近得知她交了男朋友，但她谈起此人却很含糊，她对那人的了解很少，见面机会也很有限，似乎除了吃饭以外也不知道该干什么。她明确地告诉我没有心动，可还是不由自主地考虑要不要和他结婚。大概觉得自己该结婚了，正好有这么一个人，不好也不坏，反正跟谁结婚都是结。

其实我很想问问她，这样的婚姻会幸福吗？难道只是想与大多数人一样，就该跳进缺乏激情的婚姻里？

依据过去的评判标准，30岁，对于女人来说应该是事业与家庭的稳定期，而如今因为社会环境、教育方式、思想观念及个体差异等多方面的因素，结婚的年龄在渐渐地延迟，有相当一部分人在30岁的人生路口，经常为要不要结婚，与谁结婚而纠结不止。这个时期，我们脑子里装着没玩够的不甘心，心里却盛满嫁不出去的恐慌。

很多时候，我们都希望保有自己的小个性，可往往找不到土壤。说我们缺乏勇敢，不如说我们缺乏一种心态，一种感知自我，感知自然，感受快乐，创造快乐的能力。

大龄女性单身不是错误的事情，用不着认为哪里不妥。那么为什么不能去开开心心地生活，将一个人的日子也过得色彩斑斓，让人羡慕。强迫是一种折磨，折磨自己是最傻的行为。

同样，单身母亲也不是错误的身份，没必要觉得有何异样。如果还不想再婚，也没有遇到适合的人，就安稳平静地把两个人的家打理好也不错，即使有过失意或者悲伤的经历，这些都不会影响母爱的传达，当然，请务必拥有一定的经济能力。

也许你会说这样很难，其实真的没什么，只是一个人所选择的不同生活方式的表现。越是进步与开明的城市和国家，越能够接受选择上的差异性和对幸福的不同追求。只要你能够感受到其中的快乐与收获，这就是价值所在。

当然，如果我们感觉没有男朋友，或者不能走入婚姻，就没有快乐可言，那还等什么，赶快下手吧。世上无难事，只怕有心人。不过，懂得一些技巧也是有必要的。首先，

30岁的女性最适合的形象是做优雅的淑女，不要再去伪装稚嫩，矫揉造作，但也不要把自己弄得老气横秋，乏人问津。其次，培养开朗、乐观、积极的心态，不要因为尚且没有满意的人选就产生焦虑、抑郁和孤僻的心理，阳光的你才能迎来更阳光的爱情。另外，走出去多参加一些联谊或各种小圈子的聚会，这不但可以增加与众多男士接触的机会，还可能因为兴趣相投而邂逅你的真命天子。

婚姻是人生中的大事，可以给个人造成深远的影响。我们可以感性点去恋爱，却要理性点去结婚。清楚自己想要什么，同时也要清楚自己可以得到什么。如果因为种种因素而被迫走入婚姻的话，是否幸福也只有自己知道。

重要的是，不管单身还是已婚，都好好地爱自己，都让生活过得快乐一点儿，这样的人生才会泛出饱满的光泽。

侧耳倾听

## 结婚之前先完善自己

1.无论是否有强烈的结婚愿望，30岁这样的年纪的确有必要去考虑结婚的事，哪怕仅仅是认真地思考一次。

2.如果真的不想结婚，或者没有遇到中意的人，那就别勉强自己，努力将单身生活过得快乐充实些，也许不久就会有好男人被你的好状态所吸引。

3.当然应该等待那个对的人出现，但在漫长的等待中，也可以先和不对的人聊聊天。

4.做最适合自己的事就是最正确的，如果觉得自己只能结婚的话，那么结婚就是最好的选择，多用点心争取早日披上嫁衣。

· 20岁，优雅对于我们来说，是摆台上的工艺品，偶尔捧在手里，还生怕打碎了它原有的风貌；

· 30岁，优雅对于我们来说，是贴身的饰物，经常带在身边，总是在努力让成熟的气质与它相融。

# 优雅是对30岁女人最好的定义

平日里一些女性聊天时，总会发出这样的感叹："为什么时间过得这么快，为什么不知不觉中活泼好动的年纪就远去了。"说这些的时候，我们肯定已经忘记了，十年前，看着气质优雅的成熟女性，独立自主、从容不迫地生活在我们的视线里，曾经生出过怎样的羡慕与憧憬。

很多年轻女孩都希望自己是千面女郎，有张扬和妩媚的一面，也有清纯和优雅的一面。然而，女孩儿们所表现的优雅多是在模仿，极少能够诠释出其中真正的内涵。即使不能绝对地说优雅是成熟女人的专利，但优雅在熟女身上的确可以体现得更加充分。而且，30岁正应该是女人开始懂得探索与演绎这种优雅的重要时期，她们就那样带着无法复制的优雅款款走来。

此时我们渐渐明白，漂亮的脸蛋是天生的，年轻的肌肤是青春的赠与，如果这些不曾拥有，或者正在失去，那么唯有让自己优雅起来，才能不让魅力减分。

此时我们仿佛看到，奥黛丽·赫本身穿纪梵希黑色晚装，优雅地微扭着腰肢，成就了一种可望而不可即的经典。而在所有的顶级时装品牌中，唯有香奈儿最优雅，其本人也如她的衣服一样，成为永不过气的时尚。

坦率地讲，我们羡慕着赫本和香奈儿这样的女人，有时便感叹自己身上怎么就缺少了那种气质。不过我们要知道优雅的风姿并非都是与生俱来，后天的修炼也相当重要，所以随着年龄、阅历、知识、内涵等方面的加强，这种气质才会越来越突出。

优雅不等同于漂亮，它不是源自于个人容貌的倾国倾城，倒是具备丰厚的学识与修养，更容易形成培育优雅的土壤。一般来说，知识女性的举手投足间更显特别的风度，她们的语言、语音和语调，她们的神情、目光和姿态，都能够透露出深不可测的优雅与无法抵挡的美好气质。

优雅的女人大多很自信，自信的态度也更有利于优雅的展示。一个充分地相信自己的女人，不会含首而行，不会躬背而立，她会穿着漂亮的高跟鞋，站得笔直，连转身都很华丽。这种自信完美地诠释了女性优雅的姿态。

优雅还是女人风度的展现。风度之美是一种高层次、深内涵的美，女人的风度来自于其言行和姿态，同时又直指内心的修为。有风度的人心胸开阔，处世豁达。斤斤计较、凡事必争，又怎么能够释放出优雅的气息？

另外，优雅的女性不能不懂得礼仪规范，具有良好的行为举止才是形成一个人优雅气质的前提，究竟怎样走路，怎样说话，怎样微笑，怎样着装打扮，都是礼仪课的重要内容，也对提升优雅的品位十分关键。比如下面这些细节，正是想成为真正的优雅女人所应该在意的。

1. Chanel并不适合所有的人，与其穿着Chanel扮圣诞树，不如穿得简单点，照样可以很优雅。

2. 化妆可不是刷墙，浓妆艳抹与优雅两个字完全不沾边，淡妆才是制胜法宝。

3. 手指甲、脚指甲、脚后跟，这些小细节往往最容易暴露出生活的侧面，修理整齐再出门很有必要。

4. 在公共场合讲话不要太大声，轻声与人交流，并注意使用礼貌用语，在别人说话的时候，别轻易打断，最重要的是不说脏话。

5. 走路轻一点儿，慢一点儿，鞋跟不要拖地或发出很大的声音。坐下时尽量双膝并拢，后背挺直。

6. 日常生活中不乱丢垃圾，尤其是未包裹好的口香糖。即便心情再不好，也不拿公共场所的物品撒气。

7. 懂得基本的餐桌礼仪，喝汤时不要发出声音。

8. 不贪小便宜，哪怕摊主不小心多找一块钱也要果断地还回去。多帮助老人和孩子，有美德的人自然优雅。

9. 上出租车以前，女性需要注意整理好裙子，以免走光。

10. 学会微笑。一定要经常微笑，微笑是最优雅的表情，会让人看起来淑女味十足。

就这样让自己一路优雅下去吧。年轻的岁月会渐行渐远，单纯的漂亮终将不复存在，而我们可以通过另一种方式让自己持续美丽着，那就是时刻散发出迷人的优雅气息，毫无疑问，它是与30岁女性最匹配的品质。

侧耳倾听

## 掌握一些优雅的细节

1.无论我们的工作性质如何，目前待字闺中还是初为人妻人母，尽量少让自己大大咧咧，风风火火。为人宽容，做事稳妥，矜持有度，方可形成从容的优雅。

2.数量永远与优雅成反比。比如在无名指或小指上戴一枚戒指就足够了，在极端的优雅人士看来，所有复杂的小玩意都会损害某种意境。

3.优雅存在于每个细节与瞬间，30岁的优雅既包含了美丽的风韵，也孕育着成熟的心智，这种状态下所散发出的魅力，可以让欣赏的目光情不自禁地会聚。

·20岁，我们坐在桌旁，盯着摊开的书本，摆了一个思考的姿势，其实是在发呆；

·30岁，我们走在路上，望着两旁的树木，一边感受着生命，一边思考着人生。

# 思考是熟女最美的姿态

有位朋友告诉我最喜欢做的事情之一就是走路，最好是走在长长的幽静的林荫小路上，没有红绿灯让她暂停，也没有车子前来打扰，就那样想着心事，安然地走。只有在路上，她的大脑和思维才更活跃，也最有想法和灵感，并能够积极而深入地去思考，可以想明白很多问题，甚至作出人生中许多重大的决定。所以，她从不惧怕一个人走路，一边体验着有点孤单的行程，一边让脑子里充满丰盈的遐思或理性的探索，也真是件不错的事。

在这里，走路只是一种方式，一个载体，喜不喜欢都不重要，但我们却不能不喜欢思考。我们可以穿着纯棉的家居服，静静地坐在窗边，望着窗外落下的雨滴，打湿了门前的银杏，而思绪也像雨滴般，无声地落进心里，让我们无处躲藏，其实也不想躲藏。那就以开放的姿态欢迎它们的到来，如此，思想或行动的某个方面，也许就在这样的思考中被改变，生命里迸发出蓬勃的生机与光芒。

人们喜欢用“无忧无虑”这样的词来形容孩子，因为他们什么都不用想，有着最单纯的心思和最简单的快乐。但是，人总会长大，需要考虑的东西也会越来越多，直到我们进入女人生命里最重要的转折期，等待我们思考和决定的事情竟一下子多得数不胜数。

比如，到底要不要结婚。现代社会是日益走向包容的社会，女性带着自己的个性主张行走在两性世界里，恋爱是每个人喜欢并向往的状态，那么能不能永远恋爱呢？婚姻又到底是什么，爱情的终结，抑或新的起点？围城与坟墓之说是不是要踏入了才知道？结婚意味着失去更多的自由，还是获得更多的温暖？理性思考过后，我们应该懂得拥有一个相伴相守的爱人是种幸福，但不能冲动与草率，也不能为了别人而结婚。

比如，到底要不要孩子。在生活节奏日渐加快、生活压力不断增大的同时，一部分女人已经意识到生孩子不是不可推卸的义务，也不是人生的必需。但大部分女性仍然渴望当母亲，渴望着新生命带来的快乐与满足。让家庭模式永远保持二人世界状态，还是升级到三口之家，正是不少婚后适龄女性所思考的问题。前者有着永远的浪漫与自由，后者代表了女人一生的完整与温情。而我们的抉择尽量在自己喜欢并作好了准备的基础上，来处理这个重大问题。

比如，到底要不要跳槽。工作了那么多年之后，固定的办公地点和日复一日的流程所产生的枯燥与倦怠不可避免地袭来，同时，它所给予我们的熟悉与稳定，有着如操控着自己的左右手般自如的感觉，但是，我们究竟想混好眼下的日子，还是想打造长远的目标？其他更有实力的公司向我们抛来橄榄枝，真的不心动吗？此时权衡利弊是重点，收益与发展机遇应该成为职场女性作出选择的第一要素。

比如，到底要不要为了某些人某些事情而放弃自己的想法或一些东西。我们的生命里总会有那么一些重要的人，也会有一定时期所要做的重要的事，那么对于矛盾与纠结的问题该如何决定？取舍间必有得失，所以要看问题重要到什么程度，实际状态又会改变多少，而且，坦白地说，我们决不提倡女性丢失自己。

比如，到底要不要听取别人的意见，还是勇敢地坚持自我。我们所遇到的形形色色的人生问题，不是每一次都能够幸运地拥有一位睿智的导师，那么在纷繁复杂的评议里，哪些该吸取，哪些又该无视？我们又该留一个怎样的独处空间给自己，在那里休养生息，安抚情绪，对世界产生出新的认知。此时的心态很重要，与其总受他人影响，不如形成独自的判断事物的标准。

比如，到底要一个什么样的人生。风光耀眼的人生是人生，累死累活的人生是人生，悠闲舒坦的人生是人生，风花雪月的人生是人生，寂寥失意的人生也是人生，那么我们究竟更钟情于哪种状态？现在又是哪种状态？此时应该有作长远规划的想法吗？其实，有准备的人生、平衡的人生，才更容易幸福。

比如，到底美丽重要还是气质重要？该怎样认清男人？该如何与人交际？该怎么调整心态？等等。这些或大或小，或重要或不太紧要的问题，时时困扰着女性，所以让自己静下心来，理性地思考与判断才是关键。逃避从来都解决不了任何难题，成熟的女人，应该在自己的性格里添加更多的坚韧与聪慧，清醒与达观。

善于思考的女人，脸上会绽放出特别的光芒，它形成于内心思想的升华，展现着内涵积淀的成果。思考，让女性变得冷静、睿智、稳重而明晰。沉思中的女人，还会让男人的目光情不自禁地凝结，不由自主地安放。

## 侧耳倾听

## 那些值得思考的句子：

1.当我们爱上一个人的时候，就赋予了他伤害你的权利。

2.婚姻的杀手有时不是外遇，而是时间。

3.我们都是远视眼，常常模糊了离我们最近的幸福。

4.习惯这个东西很可怕，特别是当我们不得不面对改变的时候。

5.一个人炫耀什么，正说明内心缺少什么。

6.人生的意义不在于拿一手好牌，而在于打好一手坏牌。

7.要做到内心的强大，一个前提是要看轻身外之物的得与失。

8.活在当下，别在太多的怀念过去或者憧憬未来中浪费掉我们现在的生活。

9.站在山顶和站在山脚下的两个人，虽然位置不同，但在对方眼里，同样渺小。

10.用沉默对付他人的非议，在强者是一种风度，在弱者是一种聪明。

· 20岁，我们控制不了让嫉妒之心少于欣赏之情，总觉得赞美了别人就好像贬低了自己；

· 30岁，我们渐渐懂得了让欣赏之情多于嫉妒之心，给别人发自内心的赞美也是对自己最好的礼赞。

# 心生嫉妒，不如用心赞美

都说嫉妒是女人的天性之一，大多数的女人往往因为有了这个天性而变得更加虚荣，更喜欢计较。从帝王时代后宫争宠的妃子们，到现代社会里整日不知道如何秀自己才好的白骨精，无不心里装着嫉妒的小恶魔，沉浮于世，就连童话里都有白雪公主的后妈，灰姑娘的姐妹，充分演绎着嫉妒心理的可悲可叹。

事实上，女人的嫉妒心是会伴随着我们一生的心理特征，我从不认为它只是因为年轻气盛，个性张扬，才会喜欢虚荣和争夺。反倒觉得嫉妒心可能随着年龄的增长而不断加强，因为，的确有很多女人，在看到比自己更年轻漂亮的女孩儿时，总会不自主地与之比较，最后难免要引燃嫉妒之火。

至少我就亲眼看见一位年过30岁的人事主管将一个比她小八岁的女孩儿训得梨花带雨，而且是多次找女孩儿的麻烦。其实女孩儿也没犯什么大不了的原则性错误，那位主管的理由无非是今天头型不对，明天着装不好，后天笑得不合时宜，她怎么不批评那些在屋子里忘记熄灭香烟的男人，怎么不批评那些工作时间还在角落里悄悄偷菜的员工？怎么说呢，无疑是女孩儿长得过于漂亮乖巧，青春无敌，这让一个女人的嫉妒心无法控制地呼啸而至。

我们之所以让30岁的女人，特别注意拥有一个好心态，努力驱逐心里的嫉妒，是因为这个时期的女性，正处在女孩儿和女人两种心思交融的阶段，我们不甘心青春远逝，便自然地对拥有着最美年华的女孩儿艳羡不已。同时我们又没有成熟到可以真正地悟出人生的真谛，像四五十岁的女人那般沉淀出更多的洒脱与淡然，所以我们既茫然又焦虑，想抓住所有的东西，想拼命地追赶，想让自己青春永在，年华翻转，但是时光如水，一旦入海即不可能再回。

此时的我们也许忘了，人生的每个阶段都意味着要展开一个新的起点，同样，每个阶段也都会有属于它的风格和风采。我们完全没必要把自己的生活过成和别人的一样，把自己的容颜克隆得与他人相同，谁都可以有自己对于生活的追求和幸福的方式，也就不必嫉妒任何人。

相反，我们还要学习赞美别人，它既是女人成熟与豁达的态度，也是与人相处中不可或缺的交往技巧。在这个世界上，没有人真的不喜欢听赞美之词。对于男人来说，他取得成绩的时候，如果能得到女人的赞美与青睐，成就感便会随之增加。对于女人来说，能听到赞颂的声音，很多时候比获得一些实际利益更让她们惊喜。

但是，若想获得别人的赞美，首先要学会赞美别人，而且表达赞美真的是一种学问，当然也有一些技巧。

赞美首先要发自内心，情真意切，这样对方才能愉快地接受。相反，若我们的赞美没有根据，过分夸大，不仅令人莫名其妙，还会有虚情假意之感。

赞美也要因人而异，合乎时宜。人的素质有高低之分，年龄有长幼不同，阅历有多少之说，对于不同年龄、地位、身份的人，赞美之词需有所区别，这样才能收到良好的效果。如果我们说的话别人连听都没听懂，又怎么会起到赞美的作用呢?

如果赞美能够具体翔实一些可以更有效果，空泛的赞美有时候会大打折扣。因此，交际中不妨多注意交往对象在细节方面的表现，赞美用语越详细具体，说明越了解对方，比如在赞美别人的画作时，能说出“刻画生动，笔力深厚”，远比“你画得真好啊”要受用很多。

学会赞美别人不只是礼仪的一部分，也是有女性在心理和人生态度上的修炼。赞美的话说得多了，嫉妒的心也许就会相应地淡了。心态日渐平和与豁达的我们，自然也就更受欢迎。

侧耳倾听

## 恰到好处的赞美

1.赞美不只是在社会交往中为你赢得意想不到的机会与收获，也会在你的婚恋相处中发挥重要作用，真心赞美你的爱人，他会回报你同样的称颂，想把自己当公主，一定要把对方看成王子才对。

2.床上的赞美，将会比平时说十句情话更有用。若希望夫妻生活更加和谐美满，就别吝惜自己的赞美之词，他会倾听着你的赞扬而表现得更加出色。

3.有些时候，赞美不一定非用语言表达，神态或肢体的表现也会达到同样的效果，比如一个赞许的目光，一个钦佩的手势，一个友好的微笑。

4.能够真诚地赞美同性，女人才真正地摒弃了自私的嫉妒心，领悟了宽容与豁达的含义。

· 20岁，我们的个性里，可能铺展着奇特的服饰，任性的叛逆，凛冽的沉默，或目空一切的嚣张；

· 30岁，我们的个性里，应该沉淀出收放自如的洒脱，洞察世事的睿智，深厚广博的见识，和处变不惊的从容。

# 内涵提升了个性的成熟之美

我那位各方面都很出色的表哥身边有两位倾慕者，长得都挺漂亮，学识相当，又同时向表哥抛来橄榄枝，也许最大的差别仅在于性格上。

A女纤柔细腻，对表哥是既用心又体贴，不但极少反对他的观点，就是真的遇到错误的情形也往往一笑了之。B女开朗而有个性，每次表哥提出一个观点，她大都先是仔细地思考一会儿，既而提出自己的不同意见，两个人的谈话一般会以这样两句结束。表哥挑衅地问：“你不服吗？”B女突然就笑了，却认真地答：“对此我持保留态度。”

在我们都认为表哥会为了躲避口舌之争，而选择乖巧听话的A女时，竟然传来B女已经成为他女友的消息。在好事者惊异的探究中，表哥给出了这样的解释：“首先我更喜欢有点个性的女人，个性是一种特殊吸引力。同时，有个性的人也并不意味着缺乏温柔、粗暴无礼或自以为是。我女友所受的教育和这么多年的职场历练，已经让她具备了成熟女性的修养与内涵，她敢于坚持自我，敢于打破常规，敢于不在意别人的眼光，甚至敢于做很多人不敢做的事，但是，她对所有的情况都不失控，她的智慧常常让我都觉得佩服，这样的魅力我抵御不了，也不想抵御。”

当时这番话只被我当做真情告白，反正情人眼里出西施，跟我也没什么关系，但之后不久，我接手做有关个性女人的选题，那是我第一次认真揣摩“个性“这两个字。

个性，是一个人独有的性格，是在思想、品质、意志、情态、态度等诸多方面不同于其他人的特质，这个特质的外在表现包括语言方式、行为方式、情感方式等方面的差异。个性对女人来说十分重要，女人正是因为有了个性，才有了与众不同的韵味和精彩，才有了让男人怦然心动和欲罢不能的痴缠。

个性的女人千差万别，在我接触和探究她们叛逆的人生时，有一句话瞬间让我铭记下来：如果个性只是单纯地想与人不同，而没有一定的知识、良好的修养和丰富的内涵来支撑，那么，个性只能称之为任性。

细细地品味，这句话让我对个性有了新的认识，曾经我也想标榜个性，但想想那些可能更多地呈现着任性的意味。在女人日益成熟的年华里，谁都不想总被别人看做无知任性的小姑娘，而我们也确实到了该注意修养与内涵的年纪。因为这些才是真正能够经得起岁月洗礼的东西，是一个女人慢慢沉淀下来的品质与暗香。

男人通常会十分尊敬那些有修养有内涵的女人，因为她们思想高尚，热爱生活，她们会与你聊聊人生的哲学，探讨生命的真谛，在她们身上你总能汲取到积极的能量。因为她们学识丰富，饱览群书，读书是女人最好的化妆品，不仅可以开阔眼界，增加知识储备，还可以提升气质。才女永远比美女多一分耐人寻味，因为她们温文尔雅，心胸豁达，良好的教养会渐渐凝结为身上的一种品格，让她们在与人交往时礼貌、大度、宽容、放松。面对这样的女性，男人怎么可能不产生接近的渴望？他们会不由自主地迷上这种既有个性又有内涵的女子，如果可能，也非常希望娶回家，共度一生。

要知道，个性飞扬与内涵修为从来不是一对不可调和的矛盾，倒可以成为女人性情和品质里相互支撑的两个方面。从某种意义上说，修养是道德美的表现形式，它会随着岁月的推移和心灵的净化而日益显现出它璀璨的光华。如果女性只注重外表的东西，总是以自我为中心，丝毫不考虑别人的感受，或者根本就无视他人的存在，这样的人也许算做有个性，但确实没有教养。和这样的女人在一起工作或生活，要么会心情压抑，要么会索然无味。所以，真正想要获得别人的好感，也想让自己人生幸福的女性，不能一味地任性和自私了，同时还要远离无知与世俗。

有品位的女人之所以美，那是因为她们完全懂得发挥自己的个性之美。不要重复别人的外表，在个性的品质上突出自我，突出内涵，是现代女性最让人沉醉的地方。个性，飞扬起女人蓬勃的青春；内涵，沉淀下女人低调的华美。唯有如此，才能永远迷人。

## 侧耳倾听

**个性的十种表现：**

1.思想独特。2.独立自主。3.敢于超出常规。4.勇于反叛不合理的传统。 5.积极争取想要的东西。6.能够说出想说的话。7.不在意别人怎样评价你。 8.着装不流于俗。9.喜欢沉默。10.过自己想要的生活。

**修养与内涵的十种表现：**

1.善良。2.聪慧。3.平和。4.真诚。5.自然。6.淡定。 7.精致。8.矜持。9.有情趣。10.赏心悦目。

· 20岁，我们最常做的是跟女友比，穿同一件衣服谁更好看，不如意的话也会有小小的遗憾；

· 30岁，我们恨不得跟身边所有的人比，在同一世界里谁更抢眼，不如意的话就会郁闷很长时间。

## 不攀比，你就是最幸福的那个

深夜，隔壁传来惊天动地的争吵，桌椅砸在地板上的声音，玻璃瓷器跌落在地上碎裂的声音，在宁静的空气里一次次炸响，中间夹杂着或尖厉或粗重的对骂与声讨，原来，那户新搬来没多久的邻居又在吵架了。

随着一个特别大的摔门声，我意识到这次午夜大战要结束了，终于可以接着睡觉。但没想到的是我家的门铃却响了，披了衣服从门镜往外看，女邻居正穿着睡衣站在门外，说实话我有点吃惊，通常这种情况下都是男人吵不过，最终气愤地离家出走，找个地方去喝酒才对，一个女人大半夜的跑出来还真是危险。想到这里，我立刻开了门把她让进来。

她进门后边抹眼泪边跟我说“对不起，打扰了”，说自己冲动之下跑出门，身上这种打扮真不知道该去哪儿，而且猜到我已经被争吵声吵醒，所以才敢来敲门。我一时不知道说什么好，微笑着倒了杯水放在她面前的桌子上，又想了想才问：“一定要这样吗？”

她眼神空洞地盯着杯子里的水，“不是我非要跟他吵，只是觉得跟他过得太压抑了。和他结婚四年，可我们的生活过得真的一点儿都不符合我的理想。其实我是个很要强的女人，我努力工作，拼命赚钱，希望再换一个更大些的房子，希望孩子将来可以接受最好的教育；希望老公穿着西装，开上名车，指点江山，气宇轩昂；希望自己穿得起名牌，享得起尊贵，让别人羡慕和称赞。可是你知道他有多么不上进，他不懂办公室政治，不会表达意愿，不爱表现自己，不热衷于升迁。与奋力打拼相比，他更愿意养花种草、上网看小说或者逗孩子玩。这样下去，我所有的理想都将是幻想，我的同学、同事、朋友，他们都会认为我嫁给了这个世界上最没用的男人。”

女邻居越说越气，我的眼睛也越瞪越大，都说现在的女人很现实，但我还是第一次体会到竟然会现实得这么累。不过，我可以理解她的想法。因为就在几个小时前，我刚刚参加完同学聚会，对有些东西真的是深有体会。其实同学会一半是叙旧会，另一半就是攀比会。谁挣得更多，谁穿得更好，谁有更大权力，谁嫁得更风光。如此种种，条件好的在那里争奇斗艳，条件差的正在一点点地远离那种虚伪和热闹。

我知道自己笑得也很虚伪，说的也没几句真话，吃也没吃饱，回来给自己做了水果沙拉，边吃边反省。我的脑子里一会儿浮现出觥筹交错里发展得最好的那位同学春风得意的样子，一会儿又想起曾经嫁得最风光的女生在喝得摇摇晃晃后，在我耳边哀怨地说“我一点儿都不幸福”。然后，当一盘水果沙拉被我吃掉后，心里也变得极为平静了。

我们都渴望幸福，然而究竟什么是幸福？幸福，其实就是你所得到的和所拥有的。幸福，其实就是懂得满足，珍惜眼前的一切。可为什么我们总会觉得自己不快乐？那是因为我们追求的不是幸福，而是“比别人幸福”。

生命是自己的，生活是与我们休戚与共的两个人共同创造的。别人有别人的生活，我们实在无须过度地羡慕。何况每个人都有各自的具体情况，我们所见所闻更多的是表面的东西，谁都有自己的快乐与痛苦。我们所拥有的说不定恰恰是我们所羡慕的人所缺少的，在盲目的追随与攀比中度过一生真的很不明智。

但是，攀比的确更容易成为30岁女人的通病，这时候的我们工作稳定，家庭模式已然形成，有了一定的社会关系，而且可比的东西也渐渐多起来，不仅可以比化妆品、衣服、鞋子、包包，还可以比房子、车子、孩子、老公。试想一下，女人之间的这些聊天内容，有多少是在关心对方本身，大多数都是和炫耀有关的那些话题吧。

就这样一边在别人面前满脸得意地夸夸其谈，一边心里暗自懊恼，某方面怎么就不如对方呢？为什么不可以这样想想：当我们羡慕别人高薪优待的时候，她工作的辛苦有谁看得到？当我们羡慕别人在世界各地驻足的时候，她行李箱里那厚厚的合同与计划有谁看得到？当我们羡慕别人买东西毫不眨眼的时候，她月末信用卡的账单有谁看得到？当我们羡慕别人不用辛苦赚钱安心当全职太太的时候，她的老公彻夜应酬留她一个人暗自垂泪有谁看得到？甚至，当我们羡慕明星们的无边风光时，也要知道他们私生活的安全性每天都不让人放心，出门都要戴墨镜的呀。

所以，我们究竟还要羡慕什么？还有什么要攀比呢？怎么就不明白自己现在拥有的就是最好的？我们身体健康，思维健全，有能够养活自己的工作，有小小的家庭，有虽然不完美但疼爱我们的人，有平安的父母，有生活中的小惊喜……这样的人生，还觉得不幸福吗？说不定我们也在被很多人羡慕呢。

不攀比，你就是最幸福的那个。这是最聪明的处世哲学和快乐秘诀。

侧耳倾听

## 快乐女人不攀比

1.如果你想攀比的话，不如比一比谁更优雅有礼，谁更大方知性，谁更心态平和，谁更宽容善良，请让附加的外在简单一些，让内心的追求丰富一些吧。

2.请记住这句话：天堂与地狱的差别，不在于幸福含量的多少，而在于我们是否懂得，以上帝派给我们的三尺长勺，舀了近在眼前的幸福去喂给对方。

· 20岁，我们也许像小豹子一样时刻准备奔跑，看似清醒敏捷，却总是糊涂冲动；

· 30岁，我们应该像猫一样经常眯着眼睛，看似慵懒安适，却往往明察秋毫。

## 睁一只眼睛，心才不会很累

女咨询者带着一脸沧桑与憔悴走进心理医生的工作室，开口的第一句话就是：“我实在太累了。我该怎么办？”

心理医生微笑着将一杯水放到她面前，又微笑着听完那段黯然神伤的讲述。无非是工作如何不顺心，孩子如何不听话，老公如何不体贴，公婆又如何难伺候……所有的这一切都构成了一种巨大的心理压力，她觉得每天的世界都很灰暗，如果身上再加一根稻草，难免要彻底地垮掉。

心理医生看着她平静地说：“放松一些，既你懂得来这里寻求帮助，就不会遇到最后一根稻草，却可以带回一方良药。”

女人问是什么良药，心理医生答了八个字，“聪明女人，难得糊涂。”

女人边往家走边琢磨这八个字，想来想去倒真是有点糊涂了。回家后看到孩子扔得满地都是的玩具，刚要发火，刚要觉得这就是最后一根稻草，却突然想起了那八个字。她忍了忍，竟然没有拾起来，反倒从上面迈过去进了厨房。老公回来的时候，她第一次没有抱怨怎么这么晚，家里是餐馆还是旅店，而是若无其事地摆着餐具，说开饭了。

那可真是一个奇怪的晚上，饭后平日里懒惰的老公，不但主动刷了碗，收拾了乱乱的地板，还说了很多体贴的话，甚至奉上了一场完美的床上表现。第二天，女人带着前一晚意外的舒心和喜悦去上班。好心情也带来了好的工作状态，她没有对下属习惯性地板起面孔，也没有批评那个由于堵车而迟到的员工，更没有因为上司过来随便关心一下，就胆战心惊地觉得自己哪里没做好。下班的时候，有同事来主动与她说再见，并夸赞她的新裙子真好看。

回去的路上，她再次走进了心理医生的工作室，医生看到她也并不惊讶，还是笑着等她说话。她说："我知道该怎么办了，有些时候，不该管的就真的不要管。否则不但别人有压力，自己也会很累。"医生点点头："很高兴你能这么想。知道我们长着眼睛是干什么的吗？是用来看的。那么长着眼皮又用来干什么呢？用来合上眼睛。很多时候，我们都是在透支着眼睛的能力，而忽略了眼皮的作用。把什么都看得太清醒，反倒会觉得生活无望，恰当的时候，懂得睁一只眼闭一只眼的人，才更容易幸福。"

仔细想想不是如此吗？当我们随着年龄的增长，知道的东西日渐增多，经历的事情日渐增加时，往往觉得自己能够更清晰地认识别人，更准确地判断是非，并识别出事物的好坏，偶尔洞察了一些小细节，心里都会狂喜不已或者狂跳不止，然后情绪也会随之起伏不平、变化不定。这样操心的我们，一天比一天烦闷与憔悴，等积攒到一定程度时，就会觉得自己什么都放不下了，又对什么都没有兴趣。而这正是我们最不愿意看到的恶性循环。这种循环，消耗了女人健康的身体和正常的心理，久而久之，抑郁的人越来越多，也就不奇怪了。

其实为什么一定要如此呢？我们完全可以换一种思维方式，来看待那些根本不是问题的问题。

当男友走在大街上，总爱瞟那些性感靓丽的美女时，我们吃着醋大吵大嚷倒不如与他一起欣赏和品评，单纯地赏析美对我们有什么坏处？也许爱人在书房里有一层尘封已久的抽屉，或许那里悄悄地装着他的初恋秘密，可为什么一定要去开启呢，当做不知道不也是很好吗？老公回父母家里，回来时兜里的一千元钱"不翼而飞"，虽然他自作主张有点可恶，但也是去尽孝心了，又有什么好计较的？如此种种，其实都是小事，都不值得费尽心思地去算明白账。如果我们偏要将其算得清清楚楚，无疑是在给自己添堵。

要知道，真正的难得糊涂，是一种聪明升华之后的糊涂，是一种心中有数却不动声色的涵养，是一种高深莫测、超凡脱俗的气度。一个能做到这些的女人，一定是最“糊涂”但又最聪明的女人，也是最幸福的女人。

只睁一只眼睛去生活，我们能对幸福有更深刻的理解和定义。这样有利于保持永远年轻，永远快乐，永远美丽。同时学会了遗忘，学会了溜号，更学会了宽容。宽容是女性成熟的标志，也是智慧的象征。女人以宽容之心对待别人，可以使自己的形象与修养得到完美展示。

水至清则无鱼，人至察则无徒。凡事太较真的话，实际上就是和自己过不去。不管对待朋友同事，还是男友老公，都尽量心胸开阔一些，相信 “糊涂”会帮我们赢得更多感情与尊重。爱自己，就别让自己活得太清醒，因为过于清醒的人，往往更容易痛苦。

侧耳倾听

## 恰信任不累，猜忌才累

1.糊涂是宽容大度的表现，也是对所爱之人的理解和信任。糊涂的女人会不动声色地相信和默认自己爱人的行动，不会捕风捉影也不会自寻烦恼。

2.糊涂的女人不等于傻女人，睁一只眼的态度也是有底线的。大事清醒，小事糊涂，对原则性问题要清醒，处理起来要有准则，不能真的不懂和一味忍让。

3.有时，对待办公室人际关系可以只睁一只眼，但对待工作中要完成的任务需目光炯炯，全力以赴；对待老公的异性朋友可以只睁一只眼，但对待威胁到幸福的婚外情必须眼神锐利，决不含糊。需要把两只眼睛都睁开的时候，千万不能失明。

· 20岁，我们可以偏执、任性，可以做些傻事，每份经历都想悉心保存；

· 30岁，我们应该平稳、理性，应该聪明行事，很多经历该忘就忘了吧。

# 经历越多越要学会遗忘

接到她的电话时我很惊喜，说实话，我们这些朋友已经失去她的消息快一个月了，这次终于等到她主动现身。

她柔和的声音平稳地传过来："知道我现在在做什么吗？迎着初升的朝阳，在充满苗族风情的湘西古城凤凰，静静地发呆，行走，不知不觉中竟然待了好多天。日出，日落，时光在我身边缓慢但没有丝毫停留地穿行着，记忆也是如此。从最初的悲伤、愤恨、绝望，到慢慢地冷静平和下来，其中有着只有我自己才能体会到的心理变化。每次望着安静流淌的沱江水，我都坚信不快乐的事情，不值得我再为之伤心伤神的人，一定会被流水带出我的心灵空间，一去不返。初夏，我已经30岁了，如今在这里想明白了很多。"

我就那样捧着电话，像听优美的散文诗一样听着她和我说话，当然更像是独白。

她曾经是最骄傲、最时尚、最快乐、最幸福的小女人，有着令人羡慕的美貌、职业、学历，还有英俊多金的优质老公，然而仅仅结婚一年，那个千挑万选的男人竟然上演了最滥俗的婚外情戏码。她因为这样的背叛和耻辱而万念俱灰，果断地离婚，然后果断地消失。其伤痛的样子我们可以想象得到，却没有人看到，她拒绝安慰，确切地说是拒绝同情。

现在她觉得自己已经快速地找回了新生的力量，所以才打电话给朋友，她想告诉我们，没有什么大不了的，既然该发生的已然发生，那么该过去的也就过去了。

当一个人可以心无波澜地谈论心中的芥蒂，正是说明了遗忘的开始。她还说："那男人纵然可恨，但我现在已经不恨他了，反而很庆幸自己重新获得自由，并拥有了再次追求幸福的机会。如果我始终摆脱不了阴影，那损失才更大呢。无论是恨，还是爱，一旦成为过去时，忘却便是最明智的做法。"

这一刻，我被她说得心服口服，第一次领略到她优异的硬件条件之外让人钦佩的品质，勇敢而强大的内心世界多么迷人。这份聪慧与清醒，正验证了一个女人日渐成熟的心智。

年少的时候，很多女孩儿都为了爱情哭过闹过。无论多么用心多么执著，留不住的仍然留不住，但还是固执任性地坚守自己的意愿，那是因为我们还很年轻，有时间也有精力。如今，昔日的少女们慢慢地长大，一路走来，可能经历过爱情，经历过失恋，甚至经历过婚姻，这些东西，在给我们留下回忆的同时，必然也会带来很多思考，思考过后，能够萃取到宝贵的财富就好，而事情本身该忘就忘掉吧。

其实，培养忘却的精神，何尝单单指感情问题，有时候可以适用于人生的很多方面。比如遇到事业上的挫折，要尽快去想解决的办法，不是长时间沦陷于失败的抑郁中。比如听见别人对于我们不好的评论，无视也好，反诘也罢，总之不要让情绪上的影响延展下去。

事实就是如此，无论工作上、生活上还是感情上，人生难免一帆风顺，不快乐不美好的记忆会像电脑上的病毒一样时不时冒出来骚扰我们一下，如果总是纠结其中，无异于给自己建造了一个四面不见亮的屋子，把心灵囚禁了起来，结果越来越绝望。

女人30岁，不再是纯白的纸，所有的经历都刻下了成长与成熟过程中的印迹。有经历不是坏事，在经历中提取的经验，有利于看待事物时运用不同的角度，也让我们的心态日渐成熟。同时，正是有了这份成熟和理性，反过来倒不会把某些经历看得那么重了。对人，对事，对感情，对记忆，以宽容与从容的态度，慢慢地融化掉不美妙的成分，留存几许温润和惬意。

有一句话说得很好，要有多坚强，才敢念念不忘。有时候我们没有自己想象中那么坚强，所以才要学会及时地去遗忘，然后生出崭新的力量。

侧耳倾听

## 不要过分缅怀过去

1.回忆代表着过去，有时候我们喜欢怀旧，是因为时光走得太快了，让人总想惦念从前。其实现在才有更多的事情要做，尽量少让自己陷入这种情绪里无法自拔。

2.即使怀旧，也多想想美好的回忆，没必要用那些不快乐的东西折磨自己。

3.让过去过去，让未来到来，以积极的心态面对此时此刻和未知的世界。

· 20岁，我们是攀援的凌霄花，一枝缠绕，让父母捧在手里，让男友宠到天上；

· 30岁，我们是独立的橡树，任凭风雨，工作中独当一面，感情上经营有道。

## 成熟意味着减少依赖，彰显独立

在不少人的固有观念里，女强人大多很风光，却往往不怎么幸福。女人通常会将幸福作为自己人生的最大追求和第一评判标准，所以她们开始变“聪明”了，学习小女生的依赖与娇气，凡事不再喜欢动手，也不再喜欢思考。工作中她们常常请男同事帮忙做事，还一副理所当然的样子，在家里更是连碰到一只蟑螂都要大叫着请别人灭掉。

80初出生的雨落，从小就是个娇生惯养的孩子，读书时每个月都将学校里的衣服全部背回家让妈妈清洗的她，实在无法应对成长的烦恼。当岁月渐渐地将她拉入大人阵营的时候，她始终无法改变沉积许久的依赖习惯。工作超过五年了，可她的职位竟然没有任何升迁，毫无疑问哪个经理都不会认为一个搬把椅子都需要男同事出手，网线掉了都不晓得自己插上，写个工作报告也要软磨硬泡让别人给参考意见的员工，怎么会达到职场白骨精干练、果敢、独当一面的程度。

也许你会说，工作又不是女人的全部，将来嫁个能为自己打点一切的优质男人才是王道。说实话这样的男人虽然难找，但不是不存在；这样的机会虽然不多，但不是没有，而问题是，不论人，还是婚恋本身都应该是运动的状态，希求永恒不变，那只能是天方夜谭。

恋爱或者刚结婚的时候，他可能什么都肯为你做，尽心尽力，毫无怨言，他包容着你撒撒娇，耍耍赖，即使再累再烦也会觉得生活里充满情趣。但是，日复一日永无变化的烦琐与压力，不论多有耐心的男人都会厌倦。

试想他有一天的工作要忙，早上却被我们指示中午务必去缴水电煤气费，顺便再还了房贷，也许我们远比他有空余时间，但坚定地拒绝操那份心。试想某日他在开会时，却接到我们的“恐怖”电话，说自己走丢了，命他火速开车来接，其实只是选错了地铁出口，问问身边的人要比给他打电话等他来快捷得多。还有为什么周末总会成为吵架爆发日，还不是我们非拉着人家去商场里进行地毯式扫荡。其实带着一个不开心的搬运工和提款机，不如自己拿着信用卡随心所欲地逛来得舒服。

我知道，无论岁月怎样变换，女人总是希望自己永远保持年少的美颜和年轻的心态，这没有什么错。也许我们还会认为，男人不管什么年纪，永远喜欢年轻、漂亮、身材好的女人。但是，在压力渐大的现代社会环境里，男性开始更倾心于独立、自主的成熟女性，她们既代表了女性自信的魅力，也展示了女人宽容的精神。

所以，女人不要再傻傻地死心塌地地依赖于男人，确切地说不要过分地依赖除了自己以外的任何人。30岁，是我们要彻底转型的阶段。或许在父母眼里我们永远是孩子，但必须要开始考虑作为女儿应尽的责任与义务了。或许在爱人眼里我们想一直做他娇媚的小女人，但头顶的那片天空需要两个人一同撑起。或许在职场我们仍算不上老前辈，但被刚刚毕业的大学生谦逊地称为姐请教问题时，我们还眨着茫然的眼睛一头雾水实在说不过去。

不论生活中还是工作中，一个人的依赖性越大，丧失的能力与机会就越多，而这种反比关系，在无情的年龄递进中更显得异常可怕。如何测试人的智商？同一套题，20岁和30岁即使答对了完全相同的问题数，分数也会是不一样：年龄增长了，可知识没有增加，阅历没有增多，那IQ仍然要下降，同样没有成熟的心态，与人交往的能力没有加强，那么EQ也不容乐观。如果依赖造成了更多能力低下者的出现，而我们恰好不幸成为其中的一员，还不应该警惕吗？

说实话，假如再还回我一个十年，我可能还意识不到这些，但是，现在我们真的长大了。独立，便是成长中最应该先获得学分的一科。

侧耳倾听

## 理性而不冷酷，独立而不孤立

1.很多残酷的职场竞争中，没有性别之分，在那样的环境里，收好自己的依赖心理，才不会陷于被动，我们应该懂得，关系再好的同事，也不是永远不可能发生利益冲突，或者职务上的变动与竞争。

2.很多失败的婚姻关系中，性格不合大多是借口，重要的是吸引力不见了。吸引力是婚恋中的第一生产力，同时又必须接受审美疲劳的考验，那么如何才能远离厌倦，让自己成长和进步，独立自信的女人是男人永远看不厌的风景。

3.女人需要独立，但不要被孤立；女人可以变强大，但不要显强势。偶尔用一点儿依赖的小特权会很可爱，让示弱发挥在恰到好处的时候。

· 20岁，即使话多一点儿，也可以视为活泼开朗，只要不伤害别人就问题不大；

· 30岁，一旦话多起来，便会被定义为唠叨，所以尽量避免经常复述同一件事，也别总说无意义的话。

## 男人更喜欢少些唠叨与八卦的女人

在有些婚姻里，也就只过了那么两三年的时间，丈夫便开始不太情愿天天面对自己的老婆了，不是因为她们老了，不漂亮了，或者身材走形，而是因为她们的性情变了，那些以前在母亲身上无法脱离又让人头疼的问题，不知什么时候植入到了妻子的身体上。本以为她们是天姿聪慧、与众不同的女人，可到头来还是难逃所有女人的共性。

她们一天比一天爱唠叨，无论是做对的事情还是做错的事情，无论是做了的事情还是没做的事情，都要发表一下自己的看法，关键这看法更多的是抱怨与不满。她们仍然喜欢八卦，甚至比从前更八卦，其广播能力和想象力有时真让人惊诧，当看到她们在本该展现优雅端庄的场合也无所顾忌时，难免会头疼不已。

如果问她们，能不能少唠叨几句，能不能少八卦几次？她们准会理直气壮地说：“唠叨与八卦是女人的天性，没有谁能够真正超凡脱俗。”失望与无奈不可控制地袭来，多么想找回恋爱中那个纯真可爱、温柔可人的她。

30岁的女性，还不足以被打上中年妇女的标签，同时也应该脱离年轻女孩儿那种唧唧喳喳的性格，培养出成熟的魅力与优雅的气质，这才是这个年龄应有的名片。所以别让唠叨与八卦与年岁成正比，那是女人庸俗与老去的标志。

不管在严肃的职场，还是正式的社交场，热衷于传播八卦新闻通常会惹来不必要的是非。不是说女人不可以八卦，而是说八卦时要找对人和场合，还要注意八卦的内容。与闺密聊一些女人心事无可非议，与家人分享一下高兴的事也没什么不可，但如果跟一位同事八卦另一位同事，那可是大忌。没有内涵、只懂八卦的女人是可怕的，如果还认识不到自己的八卦有多讨厌，那就更可怕了。

现代女性大多受过高等教育，应该形成了自己的知识层次和深度。才情，不只是一种资本和内动力，还是能够让人更好地展现外在、提升言谈举止和风度的支撑力。所以，让自己多一点儿才情，无形中会减少八卦时的无知状态。

然后我们再回到家庭生活中，男人们在经历了一天的繁忙工作和沉重压力后回到家里，有时需要安静地独处，默默地想点什么，当他们受伤、疲惫、烦恼、沮丧的时候，并不是每次都想说给别人听，或者得到关注与关心，也许只想让心灵安静、平和，没人打扰。男人需要以这种方式化解压力，可女人却大多喜欢通过讲话来确认自己的存在。大概女人天生就有倾诉和表达的欲望，看到男人回来后，总想跟他说点什么，又大多是些鸡毛蒜皮的小事。如果此时男人心不在焉或爱搭不理，女人往往会很失望，以至于很生气，后果也就很严重了。

一个想说，一个不想听。这类似于“男人来自火星，女人来自金星”般的差异。面对这样的矛盾，相互理解变得非常重要。女人应该懂得给男人一点儿空间，在他需要安静的时候，尽量闭上嘴巴不唠叨。当他调整完心态之后，猛然发现身边宁静而平和的妻子，会十分惊喜与感激，也会很欣慰，很喜欢。于是，他不再烦躁，不再麻木，反倒会主动来找我们说话，甚至陪我们看会儿电视剧，以后工作上的事情也愿意讲出来了。这么看，这种温柔与善解人意不是比唠唠叨叨有效得多吗？

不要觉得每天不对人唠叨就很难过，有时两三岁的孩子都会问：“为什么妈妈的话那么多？”受孩子喜爱的母亲，会在付出悉心关爱的基础上，从小培养他们的独立意识，而不是事无巨细地过问，没完没了地抓住一些小事不放。聪明的妻子，会在丈夫独处时，也有自己的事情做，并能够适时地给自身以调整，而不是一刻不放松地盯着他人喋喋不休，怒目而视。

当我们从身体到心灵都休憩好了，便又是个水灵灵的女人，那温柔的眼神、甜美的笑容、平和的心态一定会让爱人的目光贪恋地停留下来，久久无法离开。

侧耳倾听

## 智慧的女人不唠叨

1.减少唠叨和八卦，其实不只是为了要给别人留下好印象，对自己来说也很有好处，用节省下来的时间，静静地看会好书或敷个滋润的面膜，安然地享受空气里流淌的闲适与宁静。

2.减少唠叨与八卦，不意味着对此完全戒掉。某些时候，唠叨也是种温暖与可爱，而八卦也可以给人轻松的感觉，并增加亲和力，快速地拉近女人间的距离，只是，做这些的时候，场合、对象、程度等因素都很重要。

· 20岁，如果说话欠缺考虑，没有人会过多地责怪，因为稚嫩与青涩的年纪往往更容易获取原谅；

· 30岁，如果仍然口不择言，很多人都会敬而远之，因为没有分寸的言行总让人想不自觉地躲避。

# 深谙更加娴熟的说话技巧

30岁那一年，林琳做错了三件事，确切地说是说错了三句话，但正是这三句话，让她陷入被动里很久无法转还，陷入悲伤里始终心有凄然。

林琳记得自己站在老板面前时多么大义凛然。当时公司由于新上了项目，安排员工经常性加班，业余生活丰富的林琳很快就忍受不了这样无趣的日子，她为争取休息权去找老板谈判。老板严肃地说："这是特殊时期，每位员工都不能搞特殊。"林琳当时没敢争论，只好带着一肚子气回去跟要好的同事抱怨："这样连一点儿自由都没有的工作真不如不做了。"没想到这句话不知怎么竟传到老板耳朵里，后果当然可想而知，林琳被迫离开那家公司时黯然神伤。

林琳记得曾经将男友的希望当做自己的希望，对他的期望比对自己的期望还高，给他的爱比给自己的爱还多。她说得最多的就是："如果有一天你不爱我了，我真不知道该怎么办。"也不知道是男人厌倦了这句话，还是觉得和她在一起压力太大，总之最后他选择了离开。他在短信里送给她一句话："就算全世界都不爱你了，你也应该知道自己如何活得更好。”而每每想到这些时，林琳总会追悔莫及。

林琳记得自己坐在女友对面时多么义正词严。当女友抱怨男人的种种不是时，随声附和一下或许没什么，但她却一时没管住自己的嘴，开口直陈道：“前两天我看到你老公和一个长得很漂亮的女人一起吃饭，还谈笑风生的，你可要注意点。”本是好意的提醒，但哪知从那以后女友竟渐渐地疏远了她，后来林琳慢慢明白，有些话真是不能说，人家夫妻的事儿最好少管。

就这样，林琳失去了工作、男友、朋友，但她却在迈向30岁的门槛时懂得了这个道理：成熟的女人，思考问题应该更加全面、理性，说话之前尽量三思而后言。

一个人的修养与内涵不只体现在举止与行动上，谈吐同样是不可忽视的重要方面。而30岁女人在经历了不算短暂的职场交际和社会历练后，应该形成妥帖的语言表达方式和冷静的思维模式。不管我们的面容和内心仍然保持着怎样的年轻状态，言谈举止已有必要做到属于这个年龄的优雅与稳重。显然，那些青涩、幼稚、任性、无知的言辞已经不再适合我们现在的身份和社会属性。

关于说话的艺术，是一门值得我们用心来研究的学问，它根据说话时机、场合、对象等方面的差异，也有着不同的要求和某些约定俗成的规范。不过，无论面对何种情况，谈话者提高自身素质，日常多充实自己，扩大知识面，培养出较强的理解力，这些都是让愉快对话得以展开的基础之一。

通常，我们认为女性往往比男性具有更强的语言表达能力，这不是因为女人有多么强的条理性，而是因为偏重于感性思维控制之下的说话方式上的优势。这方面的优势在成熟女性身上体现得越发明显。

所以，在进入熟女的行列时，拥有与年龄相匹配的谈话风格，正是我们这个阶段应该具有的修养。除了亲切真诚的态度，平和自然的语调，适度的幽默感之外，还有不少谈话礼仪需要注意。

即使身为上级，也不要轻易以恶劣的态度发号施令，不要轻易打断别人的发言，尽量以鼓励代替批评。而平时与人交往时，能够做到避开别人的缺陷，不提他人的失意或痛苦之处，这会让我们成为善解人意的人。对好朋友也不要经常地抱怨发牢骚，有关秘密的话题更应该慎重，有分寸，如此我们受欢迎和信任的程度也会越来越高。

无论说话对象是谁，在言谈中都有这样一个能快速收获好感的捷径，那就是赞美。懂得欣赏和赞美别人，我们也会收到更多的赞誉。女人虽有着天生的嫉妒心理，但并不是为嫉妒而生，可以保留一份在意，然后转化为积极促成自身提高的能量。这时候我们会由衷地赏识他人，而且变得豁达。

语言是从出生不久就开始紧密地伴随着我们的生理功能，学生时代的发言、演讲等，都无形中锻炼了表达能力，然而，只有在日渐成熟的岁月里，我们才可以更切身地体会到说话的真谛。说什么样的话，怎样说话，早已经不是单纯的发音问题，而是人际交往中重要的环节。巧舌如簧，舌灿莲花，在这里并不是想形容一个人有多圆滑，反倒是将语言技巧发挥到淋漓尽致的表现。

所以，我一直喜欢听那些优雅的女性，以柔和沉稳的语调表达着自己的想法，不急不缓地让一串串玲珑的言辞在唇齿间余味悠长。

侧耳倾听

## 找到你的说话之道

1.与人交谈时，对于自己想知道的事情，可以采取试探的口吻；对于不想回答的问题，可以侧面回应或适时转移话题；对于不同意见，尽量以和缓的态度淡化处理。这些都有利于使行动摆脱青涩，接近理性。

2.与亲密的人共处时，可以随性很多，但也不要完全忽略对方的感受。生硬、嘲讽、唠叨、恶语相向等，都是造成某种不和谐关系的导火索。

3.除了良好的表达之外，恰当的肢体动作也有着补充、配合与深化语言的力量。

· 20岁，我们可以做着色彩斑斓的童话梦，很傻气很天真，嘴里唱着“我是女生”；
· 30岁，我们应该适应错综复杂的生活剧，很独立很成熟，目光里写着“我是女王”。

# 摆脱不成熟的小女生思维

在街边偶遇琳达，这让我真的很开心，虽然是不错的朋友，虽然在同一个城市，但整日为生活打拼忙碌的两个人，算算也有半年时间未曾见面。还没等我问她是不是要结婚了，她倒是先发制人地颁布了一个坏消息，“我和男朋友分手了。”她有点沮丧地说完这句，又补充道，“陪我去喝一杯怎么样？”

坐在餐厅明亮的玻璃窗旁，我没有急于去探听原因，知道她会把想说的话说出来。果然，琳达的抱怨接踵而来，她首先痛陈：“你说男人怎么都这样，连一点儿浪漫都不懂。他居然能忘记我们相识五百天，而且某天竟还拒绝背我上楼。你说是不是把女人追到手后就不懂得珍惜了？”

我看着酒杯底部凝结的星星点点的啤酒泡泡，再看看我的好友那副天真到有些傻气的神态，突然间觉得这一切都将是缓缓浮起的泡沫，最终被现实残酷地吞掉。

你问男人为什么不懂浪漫，就如同问女人为什么追求浪漫一样，没有确定的答案。而且现在的女性越来越现实，她们对浪漫的态度已然有了全新的认识。每天还在很傻很天真地做着瑰丽的梦，那是小女生才干的事情。但是难免会有那样一些女人，随着年龄的增长，却并没有培养出相应的成熟。这让她们把恋爱当做童话，把婚姻想象为城堡，对男人的选择更像是在挑选白马王子，可迟迟找不到合适的人选，那么不妨从自己身上找找原因。想想曾经交往过的那些男人，是不是觉得第一个不高，第二个不帅，第三个不会说情话，第四个忘了在你们相识99天送你99朵玫瑰……如此下去，即使再交往十个男人，也不大容易将自己送进结婚礼堂。

这样讲不是说不应该再有浪漫的小心思，而是我们着实已经过了一派天真浪漫的年代。学生时代，该演绎的所有偶像剧情节我们可能都或多或少地经历过，那时候穿着粉色的青春装，站在空旷的操场上肆无忌惮地哭都是一处风景。现在的我们穿着职业装，就算被老板骂了也要去洗手间里悄悄地抹眼泪。这就是差别啊，成长，总是要付出代价，我们不再年少了，所以必然会丢失很多随心所欲的权利。

不成熟的女人会固执地坚守自己幼稚的想法，每天做着白日梦，混着大好光阴，等着骑白马而来的王子，结果王子没等来，自己还在待字闺中。不成熟的女人始终无法理性地处理与恋人的关系，总想着将日复一日的平淡岁月，永远过得像求爱的当天那般浪漫甜蜜，她们不懂得，真正的爱情，要经得起平淡的流年。不成熟的女人，可能在婚后还会问老公“我和你妈同时掉河里你先救谁”这样小儿科的问题，她们认为既然你娶了我就得为我颠覆整个世界。

诸如此类，日复一日地形成了某些女人的惯性思维——任性的小女生思维模式。同时她们竟然没觉得有任何不妥，反而认为自己很可爱。

其实真正可爱的女人是这样的，某些时候，她们可以装得很傻，比如老公背着自己给父母钱，比如恋人参加有前女友在内的聚会；她们还可以装得很天真，比如向他请教他熟识的问题，你的“不懂”恰恰衬托了他的博学多才；她们也可以装得很小女生，比如该依赖的时候果断依赖，该撒娇的时候决不故作清高。但所有的这些都是在“装”的前提下，“装”与“不装”差别很大。这里的“装”并非贬义恶意，它是一种修炼之术，经营之道，这种聪明的方式，会让女人手中握满幸福的种子，结出人生中的累累硕果。

每一棵树都是从幼苗生长起来，该长叶的时候长叶，该开花的时候开花，女人亦如此，不要错失每一次成长的机会。

侧耳倾听

## 成熟美意味着更多内涵

1.如果你非常喜欢，那么可以在家里穿卡通的睡衣，但永远不要穿幼稚的服装走进严肃的工作间，它会让你显得非常不专业，当人事部找你谈话的时候，你可能就会真傻了。

2.要懂得诚心诚意地对待自己的工作，摒弃那种嫁个王子当公主的天真想法，工作通常比男人可靠很多，失业一般也没有失恋那样让人伤筋动骨。

3.世界上没有永远，爱情亦如此。要正视爱情正常的消磨、变故与转化，你可以追求感性的爱恋，但心里要有理性的准备。

· 20岁，我们貌美如花，希望被全世界的人宠爱，稍有不顺就想掀翻自己的世界，任性是女孩叛逆的标签；

· 30岁，我们依然美丽，依然希望被全世界的人宠爱，但开始懂得与别人的世界相融合，任性是女人成熟的羁绊。

# 远离那些不该有的任性

三年未见，我觉得苏杭不仅一点儿都没见老，而且变化让我吃惊。在宽敞的机场大厅里，穿着米白色风衣的她款款向我走来，依然窈窕有致的身材，飘逸的长发，娇美的面容，配上淡雅的微笑和俏丽的神情，岁月在这位30岁女人的脸上似乎没有留下任何痕迹，相反却增添了几分迷人。她身旁站着她的韩国老公，笑起来像韩剧男主角般俊朗温和。

她主动拥抱前来接她的每个朋友，快乐的感觉悉数写在她的脸上。因为是太过熟识的姐妹，所以能故意愤愤不平地“讨伐”她：“这世界真不公平，时间老人怎么就偏偏把你给忘了？幸好你已经结婚了，不然会祸国殃民的。”她听后先是咯咯地笑起来，既而突然认真地说：“其实时间老人并没有忘记我，他带走了我的一个时代，带走了很多记忆，但却塑造了现在的我，与从前那么不同，是自己都不曾想过的样子呢。”

在国内住的十天，苏杭只在我家里留宿了一晚，也只有那一天，我们一起去泡了吧，喝成微醉的神态，然而异常精神地窝在沙发里聊到天边泛白。说实话，她身上属于以前的痕迹真的不多了，但她内心的率真娇憨没有变，某种熟悉的感觉也没有变，如果说变化，她变得温柔了很多，乖巧了很多，让人觉得更加舒服。

她不再是那个因为早恋而与父母闹得天崩地裂的女孩儿；不再是那个因为情人节的一捧蓝色妖姬而与男友赌气争吵的女孩儿；不再是那个泡过夜店，跳过劲舞，不醉不归的女孩儿；不再是那个忍不得一点儿批评动不动就敢指着上司的鼻子与之对骂的女孩儿；更不是那个喜怒无常，一不高兴就会掀桌子、摔东西的女孩儿。过去乖戾、刁蛮、任性的苏杭不见了，取而代之的是现在温顺、淡定、从容、优雅的女人。

她告诉我，并不完全是韩国的生活经历和家庭模式改变了她，而是岁月给予的历练。当女人不再青春无敌的时候，如果还不改变以前的生活方式和生活态度的话，首先会衰老得很快，其次会庸俗到让人讨厌，此外，丑陋与不协调感，都可以形成致命的难堪。

她要回去的时候我没有挽留，知道她的心已经飞向了那位独自在酒店里有可能水土不服的老公。也许她迫不及待地要带着小女人的柔情，与心爱的人一起重拾故乡的回忆，这该是一次浪漫的旅程吧。

其实，女人不论性格如何，任性的特征都或多或少地存在于我们的性情之中，偶尔在亲近的人面前要一点点小性子无伤大雅，但如果不能识大体，懂大局，时时处处由着自己的性子来，那就很难成为一个受欢迎的人。不仅男人会逃之夭夭，连朋友也会敬而远之，同事关系、社交活动全都会被弄得一团糟。

女人的成熟，意味着逐渐地摆脱某些野蛮与任性。在事业打拼中，我们早已不再是职场新人，如果还经常犯错，必然难以得到迁就与原谅。工作中拈轻怕重，利益上斤斤计较，意见不合时顽固狭隘，与人交往时敏感多疑，甚至上司批评时从不思考自己哪里不对，反倒不是消极抵抗，就是拍案而起。这样任性的态度，不只无法获得发展与回报，还会丢失了白领丽人的风采与风度。

在家庭生活中，我们作为男人的妻子，孩子的母亲，如果还像以前一样不懂事的话，怎么能够撑起家庭的和谐与美满？当爱人累了倦了想静一静的时候，我们最好不要吵着闹着让他陪伴，甚至疑神疑鬼地猜测他是不是变心了。当孩子出生后打乱了我们正常生活的时候，要明白那是自己的选择，及时地调整心态，不可以经常狠心或粗心地将他们扔给父母，自己上网、聚会、逛街，玩得不亦乐乎。当公婆心心念念地盼着我们回去的时候，也不要总是左推右挡、借口理由找一堆，要知道婚姻赐予了我们双层父母。

我们想给职场一份稳定，想给爱人一份理解，想给婚姻更多的呵护，想给父母一点儿安心，那么，就不能再一味地任性下去。就算我们从前那么做过，曾经疏忽了许多东西，如今在这种人生的转折期，也应该给自己一个新的起点，塑造出一个新的形象，放飞一个新的希望。

所以，我们希望，在30岁的年华里，还能够看起来如20岁女孩儿般娇俏可人、生机勃勃，但那些因为年少而存在的浮躁、极端、小气、任性，就让它们随着岁月而慢慢流逝掉吧。用美丽的容颜配上成熟的心智，我们便是熙熙攘攘的人群中最闪亮的那抹光辉。

侧耳倾听

## 魅力女人不任性

1.不再任性，是对深植多年的性情的改变，或许很难，但益处也很多。因为它是我们成熟的标志，豁达的象征，自我修为的重要一课。

2.不再任性，不只包括对别人的态度和所作所为，有时自己内心的纠结也是任性的一种表现。要拿得起，放得下，然后才能将人生的意义参悟得更加透彻。

· 20岁，想哭就可以尽情地哭，能被一件小事弄得梨花带雨，能为一段感情哭得天昏地暗，眼泪再多，也有人收藏；
· 30岁，想哭也要悠着点哭，别为不必要的事情悲伤，别经常在外人面前流泪，眼泪过多，就不值钱了。

# 要懂得让眼泪变珍贵

很多男人可能都遇到过这样的问题，在与女人的相处中，为什么一些看起来并不重要的小事，却能把她们气得不轻，如果哄劝不力，也许还会出现泪光闪闪、泣涕如雨的情况。最初他们会百般疼惜这份娇弱，但久而久之，开始害怕起动辄发起眼泪攻势的女人。

无论对于异性的好朋友，还是亲密的女朋友，男人们通常能比较大度地面对她们的情绪发泄，只要不是身处忙碌的工作中，基本上还是可以认真倾听她们的讲述，或者哭诉。有时也会保持沉默，但更多的时候会给女人劝解与安抚，不过每次等她们破涕为笑或翩然而去后，总是不禁要问："为什么大多数女人都这样小心眼儿？为什么她们如此爱哭？"

女人的眼泪，是男人永远读不懂的物质，却也是在某些时候能够征服男人的武器。历史上有多少名女人，她们用眼泪打动过君临天下的帝王，打动过铮铮铁骨的将军，打动过才华横溢的文人，甚至打动过风流洒脱的浪子。男人们坚强冷硬的心，最承受不了的可能就是女人如泣如诉的样子，怜香惜玉之情霎时便会油然而生。就连中国历史上最强势的女人武则天，也曾用眼泪挽住过君王目光的流转，那时，她有个娇美的名字，叫媚娘。

不过理性点说，眼泪虽然在通常情况下都很有功效，但也绝不是万能的。女人的泪水真的是让男人既爱又怕，他们爱女人梨花带雨的娇柔，可也真的怕身边有一个总喜欢哭哭啼啼的女人，动不动就用眼泪来威胁自己。当怜惜变成厌恶的时候，一切都将不再美好。

如果我们懂得哭也是门学问，也许情况会好一些。会哭的女人可以让男人从心往外地疼爱，不会哭的女人只能让男人无动于衷。当女人用泪水还无法打动男人的心时，确实也是种悲哀。聪明的女人是用脑子在哭，她们不会为了一点儿小事流泪，也不会对着铁石心肠的男人哭泣，更不会在什么场合都哀哀戚戚。这才是恰到好处的表现，才是融化一个男人的最有效方法。

而且，我们的眼泪也并不都是为了要融化男人的心，有时候也是为了来洗涤自己的心灵。那么，就更应该知道哭的意义和必要性。

感动的时候我们会流泪，情感往往随着某些人、某些事物而震动或者温暖。此时，泪水会不由自主地充盈我们的眼泪，心也会变得柔软纤弱。我们像走过了一次爱的旅程，感受着心灵上的全新体验，当我们回想那份感动的时候，泪水记载了曾经善良而美丽的瞬间。

心里很疼痛的时候我们会流泪，找一个没人的地方静静地发泄，也是对自己哀伤情绪的释放。肆无忌惮地哭过一次后，要擦干眼泪，还要让自己变得更坚强。此时，泪水是一种祭奠，可能是祭奠亲人的离世，可能是祭奠爱的死亡，可能是祭奠丢失的自己。不争气、迷茫、彷徨与惆怅，都在泪水中慢慢地涤荡。

但是，请不要为一再伤害我们的男人而哭泣，请不要为工作上一点点小挫折而哭泣，请不要为生活里点点滴滴的不如意而哭泣。这个世界上没有什么人什么事情值得我们总是愁眉不展、如泣如诉。我们哭着来到人世，走过了想哭就哭、想笑就笑的人生花季，现在成熟的性格里需要多一些坚强，因为在越来越能够理解社会的现实时，便会发现眼泪在慢慢地变得不值钱，女人在掌握了多种本领后，才能让自己更有力量。你不只需要眼泪的力量，更需要实际的能力。

要知道，人们对于美的欣赏都有疲劳，何况对于哭的忍耐呢？所以，我们只流必要的眼泪，让那珍珠般宝贵的泪水闪耀在每一个关键时刻。

侧耳倾听

## 不要为不值得的人哭

1.如果我们身边有那样一种男人，存在就是为了让人伤心和哭泣，那么不如狠心地离他们远点儿，总让我们哭的男人，不是真正爱我们的人。

2.如果自己很受伤，很想哭，也没必要装出有泪不轻弹的悲壮与倔犟，虽然我们是成熟而理性的女子，也应该善于适当地释放情绪。

3.哭，其实很有讲究。既要讲究时间，也要讲究场合；既要有合理的缘由，也要有可以把肩膀借给你的对象。别在影响到他人的时间哭，别在让男人尴尬的场合哭，别在冷漠的男人面前哭，更别为了一点儿小事就啼哭不止，纠缠不休。

· 20岁，我们禁得起等待，有很多时间来坚守一份承诺，固执里透露着可爱的任性；

· 30岁，我们禁不起等待，有很多理由去放弃无望的感情，决绝中显示出聪慧的理性。

## 扔掉那些坚守无望的爱情

蓝草与秦朗相爱的那一年，刚刚21岁，似水年华的时代，穿行在校园的紫丁香丛中，惬意而美好。那时候烦恼很少，就算偶尔有争吵，也会很快雨过天晴，彩霞满天。两年后他们一同毕业，蓝草签下了一家著名的设计公司，而秦朗却在已经被安排好的人生里登上了去法国的航班，并将在那里继续深造。

离别的机场大厅里，蓝草泪眼相送，秦朗同样依依不舍，他替她擦掉眼泪，郑重地说："等我回来，我一定会回来，娶你。"

蓝草知道，在自己看着他的背影消失于眼前的时候，就必须要开始适应没有他的生活。说实话，她的确不甘放弃与他情深义重的爱，但这种两地相爱的痛苦也唯有自己清楚。时间似乎过得很慢，但也没有为任何人任何事情而停留，一晃六年过去了，秦朗在异国深造完了学业，又开始打拼事业。蓝草的心里时时惦念着这个人，却真的感觉不到真实的温暖。就算他经常与她联络，可这种天涯相隔，不知何时能够相聚的现实情况沉重地打击着她一天比一天脆弱的神经与心灵。

何况，打击不仅如此，那个誓言秦朗最终还是忘却了，他打来电话告诉她，自己不可能回去了，让她别再等了。而事实上，一个月后，他就要与另一个女子走进教堂举行婚礼。六年的付出与等待付诸东流，蓝草伤心了大半年，才终于有了一点儿好转。这也源于她认识了生命里的第二个男人——展平。

展平是蓝草的同事，对她的关心与呵护可以说是无微不至。或许她太需要这种实实在在的温情，自然无法招架地投了降。这一次蓝草深信捡到了幸福，也倍加珍惜。他们在一起度过了许多温馨而甜蜜的日子，真的像一对夫妻那样，却比一般的夫妻还要浪漫，时常在夕阳西下时，一起牵着手回家。就这样稳定地相处了一年，似乎什么都不差了，只差那一纸婚约。此时的蓝草已经接近30岁，需要开始考虑如大多数女人那样画出传统的生命轨迹，结婚，生子，慢慢变老。可是展平虽然爱她疼她，但始终不曾向她求婚。

经过了昔日秦朗的背叛，蓝草觉得这次自己不可以再被动下去。她主动找到展平问他对于未来有什么想法，没想到他竟顾左右而言他地搪塞她。她瞬间觉察到了不对，步步紧逼之下，他才老实地交代了自己从没有提起过的重要情况。原来他并非自由之身，有妻子也有孩子，只不过他们都在另一个城市，他坦言与妻子的感情已经走到了分手的边缘，只剩一份责任而已。

展平说："等我离婚好吗，我一定会来娶你的。"

听了这句话，蓝草出人意料地没有愤怒，也没有歇斯底里，她只是冷冷地看着眼前这个男人，突然就笑了，牙缝里挤出三个字："做梦吧。"然后扬长而去。"等我……"，多么熟悉的一句话啊，秦朗说过，现在展平也在说。可是，曾经有过那一次的伤痛还不够吗？这一次，她必须冷静、清醒、决然地转身，对于那种期盼良久却无望拥有的幸福，她没有力气也没有必要再去坚守了，即使她已经很爱他，并且很真心地付出过。

爱，究竟是什么呢？是人世间最原始而又最伟大的感情。有人为它愁肠百结，有人为它肝肠寸断，有人为它望穿秋水，有人为它坚守一生。然而，我们在肯定爱情执著的同时，是否想过那样的付出到底值不值得，应不应该终结？

20岁的时候，我们有大把的青春可以挥霍，等一个人不算什么。就像那句深情款款的话："我等你，等你找到一个可以不再让我等你的好原因。在我们这个不完美的人生里，多少也需要一些无谓的浪费。"

可是，30岁的女人还浪费得起吗？当我们的脸上一点点地生出粉底遮不住的细纹，身体一天天变得干枯，当我们慢慢地在错过最佳生育年龄，看着同龄人美满幸福而自己仍然孑然一身、茫然惆怅时，还愿意等吗？还等得起吗？

既然等不起，就要努力放下。世界上很多东西、很多决定都没有我们想象中那么艰难，给爱情重新作一次选择，给其他男人，也给自己一次崭新的机会，不要总是饱含委屈，却最终也成就不了想要的圆满。

所以，别再坚守无望的爱情。30岁却还在爱情中纠结的女人，请无论如何都要努力让自己幸福，哪怕是一个人的幸福，也会比两个人的不幸福好很多。

侧耳倾听

## 别让等待成为永远

1.如果30岁的你还没有结婚，却又很想结婚，那么现实些，努力去寻找一个能够与你相爱，并且可以相守的人，人生不能总耗在等待与错过中。

2.如果30岁的你正在恋爱，想走进婚姻，可对方迟迟无动于衷。那么，对于这个无法给你未来的人，果断地离开，才能有效地保护自己。

3.如果30岁的你正处在婚姻中，却是无爱而让人绝望的婚姻，那么去勇敢地打破它，苦苦的坚守也没有任何意义，还不如尽早放手。

4.如果爱，请深爱；如果放弃，请彻底；等待，本身就是个错误。请记住这句话吧。

- 20岁，我们可能将撒满玫瑰花瓣的爱恋，当成生命的全部，年轻的心什么都敢赌，尤其爱情；
- 30岁，我们应该将充斥柴米油盐的生活，当成人生的历练，成熟的心不要轻易下注，包括婚姻。

# 别将一生的幸福赌给婚姻

童瑶是典型的“毕婚族”，大学时开始和同班同学奕凡恋爱，经过了四五年的爱情长跑，毕业没多久就义无反顾地嫁给了他。结婚后的童瑶彻底地打消了工作的念头，她也觉得自己并非事业型的女人，不如当好老公的贤内助。奕凡虽然刚参加工作，但因为系名牌大学出身，专业又好，进入了个不错的单位，拿着还算丰厚的薪水。这让童瑶更加放心，她认为自己需要做好的就是打点妥当老公的饮食起居，过两年生个宝宝，再加上和他一起憧憬他远大的职业前景。毫无疑问，他就是她的希望和整个世界。

孩子降生后，童瑶的生活显然忙碌许多，忙完了哭闹不止的女儿，再忙衣来伸手饭来张口的老公，弄得她几乎连一点儿自己的时间都没有。别说出去美容健身，逛街聚会，就是在家里仔细地作个皮肤护理都是件奢侈的事情。

好在三年后，女儿上了幼儿园，她终于盼来了难得的属于自己的时间，她想像很久以前那样上午出去逛逛街，中午和老公相约一起吃个饭，但她发现老公拒绝和搪塞她的次数越来越多。她起了疑心，没打招呼直接跑去了他的公司，结果在他单位附近那个熟悉的餐厅里，她看到他和一个年轻的女孩儿对坐同食，谈笑风生。她忍了又忍才没冲进去，直到晚上才把中午看到的事情讲出来，希望他给个解释。她以为他会说：“那没什么，不过同事之间吃个午饭而已。”但她听到的却是：“我不想再隐瞒你了，坦率地说，我已经爱上了别人，对不起。”

哭过，闹过，求过，可都无济于事，心一旦变了，想拉都拉不回来。摆在童瑶面前的路只剩下一条——离婚。从民政局出来的那天下午，她刚过完31岁生日。虽然得到了房子、大部分存款、女儿的监护权及高额的抚养费，但她却失去了对自己的信心、对爱的信念和对生活的希望。她以前的世界是守着婚姻相夫教子，现在这样的世界几乎完全坍塌了，她连找一份工作，换一换心情的能力都没有，这多么可怕。

别拿婚姻当赌注，这是说给所有女人听的话，而对于30岁的女人来说，尤其要在意。如果30岁的你仍然一边在通往婚姻的道路上探索，一边充分地享受着快乐的单身生活，那么要更加清醒地认识到自己对于婚姻的态度。你爱什么样的人，又想嫁给什么样的人？都说婚姻就是一场赌注，这话其实也有道理，但也要看自己下了什么样的筹码。真的运气不好那没办法，但一开始你就全城洞开，全面地放弃自己，有时候难免会输得一塌糊涂。如果30岁的你已经收获了婚姻的果实，孕育了儿女，那么更要知道经营婚姻。这不只包括全心全意地去爱那个人，做个好妻子和好妈妈，还包括一定也要狠狠地爱自己。

懂得爱自己的女人，才会让男人更加爱你。结婚，并不意味着买到了最稳定安全的保险项目，从此万事大吉。编织一段婚姻的同时女人也应该获得很多启示，爱家持家、贤淑能干是美德，尽量做个美丽的妻子、保持女性的魅力也不容忽视，否则等到婚姻亮起红灯时便悔之晚矣。

那么，请永远有一颗年轻的心，有一双勤快的手，时刻记得保养和装扮自己，别让皱纹那么快就爬上脸，别让身材那么轻易地就走形，既要像个已婚女子一样成熟睿智，也要像个恋爱女孩般激情浪漫。而且，在现代女性眼里，不断提升自己的魅力，应该是比日复一日的买菜做饭还重要的事情。因为你不只是一个妻子，还是一个女人。谁也阻止不了年龄的增加，但可以从容貌、身形、气质、韵味、心态、学识等各个方面加强修炼，这是我们保持自信和自我的方法，也是我们保有美满婚姻的诀窍。

30岁的生活，本该是幸福的延续，而不是悲剧的开始。

侧耳倾听

## 经营婚姻是一生的事业

1.我们提倡女人重视自我，决不是宣扬别把婚姻当回事，恰恰相反，聪明的女人懂得发挥自己的吸引力，为两个人的世界添加更多的新鲜感和甜蜜。

2.虽然女人不能过于敏感小气，但有必要保持一定的警惕性，不要等到婚姻失火，才意识到为时已晚。

3.在这个世界上，最可靠的除了父母外，唯有自己。所以，别把一生都赌给一个人、一段感情。

· 20岁，婚姻离我们都还远，更别说婚外情，顶多跟着电视剧里的悲剧女主角骂骂负心男；

· 30岁，大多收获了婚姻的果实，但是新奇渐远，那个曾让人所不齿的角色竟也悄悄来到我们身边。

# 婚外情是一种玩不起的游戏

晚上，老公在另一个房间上网，小麦在客厅里看电视，电视里演一个女人徘徊在两个男人之间，情节十分纠结，并一次次地叩问，女人到底应该选择激情的爱，还是稳定的婚姻。这时小麦的手机突然响了，上面有一条未读短信，写着：“我想你了。”

小麦下意识地向老公待的地方望了一眼，飞快地回复：“拜托，有事不能白天打电话说吗。”这已经是穆晖第三次晚上发来这样的短信，她断定他准是又刚刚喝过酒。她太了解他了，比了解自己老公还了解，十年的相识，五年的相爱，让这个男人在她的生命里刻下了无法磨灭的印记。

作为小麦的前男友，现在的情人，穆晖也曾强烈地要求她放弃家庭跟他在一起。可小麦始终犹豫而谨慎，就像今晚飞快地回短信又飞快地删掉同时内心非常忐忑不安一样。老公是那么好的人，每当面对他的时候都会觉得自己犯下了重罪，但每次又抵挡不了穆晖哪怕是最简单的问候。离婚不是没有想过，甚至时不时地就会浮现在脑海里，可更多的还是懊悔，懊悔自己为什么如此轻易地就结了婚，懊悔为什么时间不能退回五年，那样就可以拥有重新选择的权利。摇摆之中的小麦越来越憔悴，可仍然找不出办法安抚那颗已经灵魂出窍的心。

其实这个世界上最难解的题就是关于爱情的题，而婚姻之外的感情更像是一道复杂的多元方程式，剪不断，理还乱，却又时刻啃噬着当事人的心。人最难控制的东西亦是感情，婚外恋之所以产生，很大程度上并不是因为情人的魅力真的有那么大，而是因为婚姻本身已经存在问题。

有些人在结婚的时候更多地考虑了现实因素，家庭、职业、收入等等，唯一没有考虑的就是自己是不是真的爱这个人，而婚后当她们享受着这些物质基础的时候，心里却又生出诸多不甘，开始渴望令人怦然心动的爱情，对自己的老公却怎么都爱不起来，这样的状况下便极易在其他男人身上激情碰撞。有些人随着青春年华的渐渐流逝，怕自己的归宿还无着落，匆忙中抓个男人快速地解决了终身大事，或者有些任性的女孩，早早地自作主张地成了毕婚族，总之这部分人大多对另一半缺乏足够的了解，结果婚后诸多问题突显出来，心里不免盛满失望，久而久之便情有别钟了。还有些人走过了浪漫甜蜜的恋爱期，不甘于婚后平淡如水的生活落差，只好在别人身上激发着自己饱满的热情，慢慢地移情别恋的种子在心里悄然地生根发芽，究其结果，这是日益麻痹的围城生活的悲剧。

爱情是女人生命里的阳光，也是劫数，躲不躲得开都要看个人修行。婚外情则是一株罂粟花，明知有毒，却往往不忍拔掉。将婚外情话题提及给现在的30岁左右的女人还是必要的，因为80后的婚姻生活虽然比上一代富足很多，却不一定幸福，甚至于存在了更多的动荡与危机。

我们的脸因为高级化妆品的滋养仍然光鲜，我们的心因为言情剧的熏陶仍然年轻，就算结了婚，也没有几个人甘于从此乏人问津，男人关注的目光总会给女人带来美丽的心情。但是当远远的欣赏即将转化成亲密的纠缠，就该让自己清醒一点儿了。

对于婚外情，我们不必将它看成洪水猛兽，有些东西越是躲越可能躲不掉。如果真的是不小心踏出了这一步，请务必拿出理性来对待，明白自己所承担的家庭责任，清楚日后真正的打算，要知道婚外情是一种玩不起的游戏，想结束的话一定要尽快尽早，干脆利落地将它变成藏于心底的风景。

因为取舍之间必有得失，所以我们要努力让自己成为一个修行好的女人，加强自身的定力，当我们用美丽优雅的气质吸引了男人目光的时候，也要做到不慌乱不躲避。当男人说“我爱你”的时候，可以微笑着说“谢谢”，因为女人就是应该有人爱，并享受这种爱的注视，但当他们提出进一步的要求时，一定要坚定地说“不”。

对于婚外情，其实不必过多地将其打上道德败坏的标签，但是要认识到伤害的存在，理智地对待它，不为危险的爱情做一株凋落的女人花。

## 侧耳倾听

## 提升处理感情的成熟指数

1.当女人遭遇婚外恋的时候，首先遭遇的是爱情，虽然不容易得到理解，可爱情真的是女人的给养。其次遭遇的是麻烦，已婚的身份与责任，不加考虑怎么行呢?

2.当女人无法自拔地陷入婚外恋时，静下心好好想想很重要，究竟要老公还是要另一个男人？摇摆不定早晚都是问题。如果选择了老公，那么就彻底了断那份不该有的感情。如果选择情人，要记得把对老公的伤害降到最低。

3.“我颠覆了整个世界，只为了摆正你的倒影。”这句话说得很霸气，做起来却并不容易，只能寄希望于慎重对待感情里的每一次选择。

· 20岁，我们喜欢购物，但手里没多少钱可以支配，再冲动也至少不负债累累；

· 30岁，我们仍然喜欢购物，而且自己挣钱买花戴，却总是控制不了盲目的冲动和飞奔的欲望。

# 冲动购物不是最有效的解压方法

生活不可能永远顺畅如意，情感世界里也是如此，与男友生气了，与老公吵架了，气愤难平之时，不想去狂欢，也不想用酒精麻醉自己，想砸点东西不忍心，离家出走还不至于。那么逛街，无疑是女人最好的消气方式。

也许当时我们是气呼呼地穿上衣服，拿了包包，直奔熟悉的商厦，但当我们漫步于琳琅满目的商品中间，看着那些轻易就能吸引眼球的华服美饰，不知不觉中便将刚才的不愉快抛到了脑后。如果碰到自己既喜欢又可以接受的物件，果断地去试穿，在导购小姐的甜言蜜语、赞不绝口中沾沾自喜，得意扬扬，打包、买单，拎着心爱的东西，心情自然也会变得大好。

这个时候，我们也许没有想过信用卡上的数字，没有想过买的东西到底是否有必要，没有想过自己是真的喜欢还是只想花钱。

同样，每当工作压力大或者心情烦闷的时候，通常也喜欢去逛商场，然后大包小包地满载而归，才会觉得愉快一点儿。作为女人，诚实地说，的确有过太多这样的情况。但是作为成熟女性，坦白地讲，真的不应该再有太多这样的冲动了。

女人的衣橱里永远少一件衣服，衣服再多，女人也会觉得自己没衣服，所以才爱逛街爱购物。其实我们有这种天性并不可怕，可如果能为这种天性作一些理性的计划，那才是既聪慧又能生活得游刃有余的女人。

不冲动购物，不只是要提醒自己不在心情不好时冲动地去买东西，还应该对日常消费也能有个理性的态度，这样才有利于摆脱尴尬窘迫的月光族行列。

不管我们是不是爱钱，都应该清楚每月的全部收入情况，必要支出，还有存款数额，这样便可以进一步了解自己的消费能力。年初我们可以设想一下整年的消费意愿，此时可将大宗消费品纳入其中，比如房子、车子或者一份新的保险、出国的旅游计划等。如果我们的经济能力有限，就该明确什么东西该买什么不该买，先买必要的物品，可买可不买的要慎重决定。一份清晰而清醒的购物计划，将给我们的生活带来切实的保障，当然也会有惊喜。同样，每个月也应该控制超支现象的发生，不要觉得刷信用卡不是在花自己的钱，月底的账单一定会让我们的心情难以轻快。

当我们去商场或者超市的时候，最好先预想一下要买什么东西。可能因为换季而要购置一件风衣，也可能因为走路情况的增多而需要一双舒服轻便的鞋子，或者因为要搭配一件过于简单的白衬衫而需要一条项链，那么就不要碰到什么小衫牛仔裤都通通往家搬，即使它们因为折扣低而十分划算。冲动购物，不只包括一时心血来潮买了奢侈品，也包括不加考虑地捧回一堆看起来合算实际上却利用率很低的物品。去超市购物时，由于要买不少琐碎的食品和日用品，为了节省时间和防止遗漏，可以将要买的东西写在一张纸上，按纸索物，无形中也避免了将用不到的东西放入购物车中。这个对于忙碌的职业女性尤其适用。

聪明理性、心智成熟的都市女子，应该明白经济状况对于生活品质的重要，她们会努力地赚钱，适当地攒钱，理智地投资，并树立起正确的消费观。她们亲身体验着工作的辛苦，知道获取高收入的不易，自然不会奢侈无度，一掷千金。但她们也不允许自己过得寒酸，既然生命苦短，人生无常，为什么不加倍地自我宠爱？

给自己买绿色优质的食品，给自己买安全名贵的护肤品，给自己买舒适高品质的内衣，给自己买穿得出去的衣服和鞋子……而我们所有的消费品，都应尽量满足两个原则，喜欢与适合。虽然喜欢比适合更符合内心的需求，但有时候适合比喜欢更符合利用率的标准。如果能够意识到这一点，说明我们的消费观念已经相对理性了不少。

在今后无数个美好的日子里，在依然能够绽放美丽的年华里，我们完全可以继续保持热衷于逛街的习惯。在看着那个多姿多彩世界的同时，慢慢地去理解欣赏与拥有，追求与获得，贪婪与放手，喜欢与适合，冲动与冷静……

侧耳倾听

## 天生购物狂破解术

1.避免冲动购物，既是形成正确消费观念的象征，也有利于理财观念的加强。善于理财的女性，会让生活的压力小很多。

2.让自己不再冲动购物，也是性格修炼的一个方面，可以使心灵和精神世界变得平和淡然。

3.如果心情不好，就出去走走，接触一下自然风光，或者与知心好友聊聊天，有时候会比逛街购物来得更健康有效。

· 20岁，偶像剧是我们生活的一部分，经常盯着电视或电脑，为之悲与喜，跟着哭与笑；
· 30岁，偶像剧顶多是生活的小点缀，偶尔看两眼，却发现现实真的离它越来越远。

# 不让偶像剧剥夺宝贵的时间与理性

那里有着湛蓝的天空，和同样湛蓝的大海，海天一色之间，是女主角扬起的长发或飞舞的裙摆。男主角从远处走来，伴着浪花拍打岩石的声响，轻轻地诉说着心底的愿望。场景转换到夕阳西下的高校校园，宁静而幽长的林荫小路上，并肩而行或者嬉笑跑来的男生女生，点缀了一个最美的季节，渲染了这个季节里最亮丽的风景。场景再转换到有着柔和灯光和低徊音乐的咖啡厅，对坐的男人和女人，双目交织出缠绵悱恻的情愫，细细的低语、嫣然的娇笑都构成此时极应景的情调……

一场场，一幕幕，男女主角们将浪漫演绎得如火如荼，将美丽发挥得淋漓尽致，将爱情诠释得感天动地，也将场外观众迷得七荤八素。看，这就是偶像剧的力量。

不得不承认，言情小说和偶像剧伴随了一个女孩儿情感世界里最初的成长。也许我们都有过在课堂上背着老师，在宿舍里点灯熬油地看爱情小说的时期，也许我们都有过眼珠不错神地盯着电视或电脑，只为了把某些电视剧一气儿扫荡完的经历，也许我们都有过看完后迟迟跳不出剧情，很长时间都神魂颠倒的状态。但是，显然我们现在已经不是可以整天无所事事的少女了，如果还允许自己始终沉迷于那些只能养眼，却少有内涵的偶像剧中，实在有些说不过去。

偶像剧和肥皂剧最大的弊病，就是本身没什么营养，又超级浪费时间。我们在偶像剧中看到的多是俊男靓女，剧情也多是情情爱爱，当然，我们又容易被那些爱情所打动，心情跟着跌荡起伏，有时候还会跟着哭哭啼啼，但当我们被赚取完了眼泪，再回顾整个故事，再回想里面的情节，再回味给我们的感觉，便会发现启迪很少，实际意义也真的不多。而我们总是把下班后或周末的大把时间花在了这上面，是不是有些不值呢？

每部偶像剧对于热爱者来说，既是一块磁铁，也是一场骗局。它给我们展示了太多美好又不切实际的东西，那样俊朗的容颜，那样富裕的家世，那样的翩翩风度，那王子与公主般的童话故事，无一例外地一次次将我们拉进巨大的白日梦般的旋涡中。我们的思想因此而开始不由自主地脱离现实，幻想着自己就是剧中的女主角，干吗还要那么刻苦努力，还要和身边这个看起来一无是处的男人过一辈子？说不定哪天就会有美味的馅饼砸在头上，或者等着天上掉下来一个完美无缺的男人。我们就这样沉溺于偶像剧中，不知不觉地迷失了自己，永远活在梦里又怎么可能实现梦想呢？

女人的确比男人爱幻想、爱做梦，我们的脑子里总是播种着许多梦想，但现在，社会真的越来越现实，梦想要符合实际才更有意义。如果说我们每天走过的日子，都是追寻梦想的日子，那么这么多年过去了，也该有更多现实的收获了吧。

电视作为当代信息传播的重要媒介，在人们的日常生活中不可或缺。我们可以通过它了解新闻和社会，了解当前的国际形势和经济政策。大多数女人通常不喜欢关注这些，认为这是与我们无关的事。其实知识和见识，才是一个人华美外衣上璀璨的宝石，平时注意珍视和养护，它会释放出更明亮夺目的光芒。

其实，电视剧也不是不能看，我们可以看一点儿历史剧，虽然里面某些内容与史实有所偏差，但至少能让你了解不少相关背景，历史的东西多会给人以丰富的沉淀。我们可以看一点儿纪实片，它给人展现了更真实的人和更现实的社会，由此对某些事物和现象能有更深入细致的认识与了解，从中获得启迪和人生感悟。我们也可以看一些电影，不是所有的感动都只能在爱情剧中得到，电影能以它丰富的题材、内容、表现手法，给人以震撼、启发与感动，而且情节紧凑，时间上也不会浪费很多。

我们可以通过电视看到许多东西，甚至看到别人的人生；我们也可以通过电视发现许多东西，甚至发现自己的不足。那么，积极地总结出经验与教训，补充更多的能量与内在，这才是我们日渐成熟的女性，区别于沉迷于偶像剧的女孩儿的一个重要方面。请多加在意，因为我们正在成熟，所以日常所接触的事物，有必要匹配我们现在的气质与心态。

### 侧耳倾听

## 花多些时间做正确的事

1.不再沉溺于偶像剧，并不是让你与此完全绝缘，偶尔用来养养眼睛，放松一下心情未尝不可，只是不能把业余时间都花于此。

2.为了保持好身材，也应该远离肥皂剧，在渐渐进入容易发福的阶段，做“沙发土豆”这样的事真的很不明智。

3.看那些超长的韩剧，不如接触一些好的美剧。前者只能给你风花雪月的感性，后者却可以培养你逻辑思维的理性。

4.用节省下来的看偶像剧的时间，多读点书吧，读书不但可以获取知识、提升内涵，也能给人感动与震撼。

· 20岁，我们很少想着刻意地去结交朋友，缘分往往在不经意的转头间，他们更多地给予我们快乐与温暖；

· 30岁，我们应该考虑去结交有用的朋友，缘分通常在用心的找寻间，他们更多地给予我们启迪与提升。

## 结识一些有思想有阅历的朋友

有人说，一个人的事业高度并非由自己决定，而是由他结交的朋友所决定。话虽然有些绝对，但从某种意义上看，也不是没有道理。

我有一个海归的同学，在英国待了八年，学业、娶妻、生子通通完成后，最近回国来继承他老爸的事业。同学聚会上，他给我们这些关系还不错的同学分别发了名片，回家后还没来得及把它收进名片夹里，就被最近因家里装修而蹭住到我家的闺密一把抢去。

她一字一字地念着上面的名字和头衔，看她好奇的样子，我顺便介绍了一下此人的经历和情况。谁知她突然把一只胳膊搭在我肩上，眨着眼睛妩媚地说："这个人介绍给我认识怎么样？"我故意盯了她半天，又故意逗她："你有什么企图？"

"我想把他收进我的网中。"她先笑得"不怀好意"，既而又严肃地说："能有什么企图？我可是连老公都有了的人。"我有些不解地看着她，她倒是坦然地解释，"我就是对他的经历很感兴趣。你不觉得身边如果有这样一位朋友，很有助于自己了解一个国家的历史和文化吗？同时也会增长很多见识。"

我被她说得有些顿悟，以前还真不曾注意过这样的朋友也是笔宝贵的财富。恰逢下一个周末，又赶上同学联谊会，我征求了他的意见后便带着闺密一同前往。让我没想到的是，第一次见面的他们竟然相谈甚欢，相处愉快。离开的时候彼此交换了联系方式，我以为他们顶多也就空闲时吃吃饭聊聊天，可没想到在相识半年多后，他们竟然合作创建了一个创意工作室。工作室剪彩的时候，闺密诚心诚意地感谢我，说是通过我才结识了身边这位重要的朋友和如此优秀的男人。其实，我已极有自知之明地认识到，自己只不过是个媒介，是她本身作足了所有的努力。

看到这里，我们应该明白的是，这一节讲的不只是朋友的话题，也不是所谓的蓝颜知己。我们要触及的是更现实一些的“关系网”和“社交圈子”。因为随着职业生涯的深入发展，社会交往情况的增多与复杂，人生理想的日益具象与迫近，需要让自己拥有那样的朋友，他们在纯粹的友情之外，在朦胧的恋情之外，也许不全是能够带来看得见摸得着的经济利益，却对我们有着不可低估的影响与提高，是一种包含着积极意义的朋友关系或者社会关系。

所以，要多结交一些有思想有阅历的朋友，多与优秀的人交往，为了更好地与这类人有交集，我们可以尝试诸如“六人晚餐”这样的社交活动。“六人晚餐”即六个完全陌生的男女围坐在一起，喝茶吃饭聊天，这种社交形式从欧洲兴起，一度备受追捧，主要因为六人制的组合恰到好处。社交活动里人太多不利于倾听，而人太少又恐怕会冷场。当然，在这里，我们可以把陌生人换成自己想结交的朋友，或者利用已经认识的人创造机会，维系感情等。

有某种说法曾这样注解过朋友圈子：一个人要想在社会生活中活得舒坦无忧，至少要攒下五类朋友，一个医生，一个律师，一个警察，一个老师和一个公务员。说的真是既现实又坦白。

聪明成熟的现代女性应注重建立起自己的关系网，在这样的关系网中，要有不同年龄，不同职业，不同文化背景的人。这些人可能给我们提供某个行业的信息，帮助我们的人生出谋划策，甚至为我们个人或公司投资也说不定。他们会以成熟的思想和冷静的思维，给我们的人生以指导和引领，会以深厚的知识和丰富的阅历，给我们的眼界以拓宽与洗涤。

这类人，可以不是我们的闺密、挚友或蓝颜知己；这些人，可以是我们工作中的朋友，酒桌上的朋友，旅行中的朋友，甚至网络上的朋友，只要他是优秀的人，那么现实一点儿说，就有成为这类朋友的价值。

而结交那些优秀的或对自己有益的朋友，还要注意一些交往的准则，不然你不但编织不好完美的关系网，还会因得罪了别人而多出一堵墙。

首先，尊重别人，别人才会尊重你。有些女性心中本能地存在着防御心理或高傲的天性，有些人不愿意多花心思与人交往，这对于我们来说可是不小的损失。像我的那位闺密般主动与人接触，同时尊重他人，才是开启良好的人际关系之门的钥匙。其次，这样的关系网一旦确立，就应该试图让它保持长久的存在。对于这类朋友，要懂得相处之道，既不多作猜忌，也要适度关怀，并作好积极的互动，这才是增进人与人感情的阶梯。

如果我们有时间的话，认真地为自己列一个朋友清单吧，有些朋友，可能会永远温暖着我们的心灵；而有些朋友，会让我们真实地受益。诚心诚意地把握每一份友情，别对什么都忽视，也别轻易地说放弃。

侧耳倾听

## 不断激励自己才能让人生更精彩

1.不要认为想结识比自己优秀的人就是多么功利和自私，这恰恰是女人成熟与理性的表现，我们需要随着年龄的增长不断地提升自己。

2.想结交优秀的人，可以多去参加一些聚会，主动请朋友引荐，同时，也要培养自己的判断力，别被表面的才华蒙蔽了双眼，个人的品质也要关注。

3.想结交优秀的人，别忘了让自己也尽可能地变得优秀，棋逢对手，才是给人精彩和激赏感觉的交往。

4.与优秀的人交往的同时，也不要疏远了那些与我们相知多年的老友，并且善待他们，因为那是我们永远的灵魂伙伴。

· 20岁，很多朋友像玩伴，一起疯闹，一起嬉笑，一起把日子过得绚丽嚣张；

· 30岁，一些朋友该如知己，相互倾诉，相互抚慰，相互理解对方的浅吟低唱。

# 至少有两个以上的知心好友

一直很喜欢看谭艾琳、黎明朗、毛纳、陶春她们在一起时的情景，这也让《好想好想谈恋爱》这部电视剧成为了我心中的经典剧之一。虽然是很老的片子了，但时间充裕的那个阶段，我曾用DVD自己放过两三遍。

爱里面的调子，爱里面的感觉，爱她们的生活状态，爱谭艾琳小小的书吧，爱四个女人在书吧里很闲很闲地聊天，更多地谈论感情、男人，甚至性，没有禁忌，也没有躲避。有时候也会有争吵，互相嘲讽，但关键时刻可以帮朋友考验男友，可以为朋友放弃所爱，可以给对方最大的支持和最多的鼓励。她们都是超过30岁的女人，各有风情，也有着多姿多彩的爱情，但仍然单身，所以更需要彼此。这是一部中国版的《欲望都市》。

说实话，我一直在找寻这样的朋友，虽然可能无法再现她们的生活和交往方式，但拥有两个类似的知己已经很幸运了。好在我很幸运，拥有两个这样的好友。只是有时我们都太忙了，会好久好久不见。有位朋友与我很相似，以前我们基本上每周会一次面，地点也总是老地方，感觉也终是熟稔的感觉。但就是这种空气里流淌的悠悠、淡淡、闲闲的味道，可以给人最贴心的放松与感动。至少我是很享受这样的时刻，当然，我相信她也是。

每次的话题总是不一样，有时会戏称为两个女子的思辨，时常一句话说出来让人瞠目，有点语不惊人死不休的感觉。好在没有别人，彼此已然习惯，吓不着也吓不死对方。有人好奇两个人对坐一下午究竟会谈些什么？其实简言之，就是分析和总结。听起来没有浪漫也没有闲适的情调，如果可以了解到被关注的事物是什么，也许感觉便会不一样。也会谈及男人和感情，但不全是，就像爱情不可能是生活的全部一样。

我们都能够感觉得到，这样的时间和空间，是属于女人的世界，这里会有属于现代女性独立的想法和冷静的思维，也会有属于柔软小女子纯纯的甜蜜和小小的烦恼。只是希望这样的世界在工作以外，在利益以外，在做作以外。

“闺密”这样甜腻的称呼不要也罢。如果说知己是最贴切的默契，不妨就用这个词来注解我们的友谊。有时候翻看从前的文字，还依稀可以看到我们互相激励的日子，我们曾经的江南水乡之约，纵然一直没有实现，但憧憬依然是美好的。

那么，你是不是也觉得这样很美好呢？拥有知心朋友的感觉，会不会温暖着你的整个心灵？手拉着手蹦蹦跳跳往家走的童年伙伴，一起在操场上奔跑的同窗好友，换了工作却保存下友谊的旧时同事，以及因缘分而结识的所有人，想想这么这么多，这么这么久，你是不是真的积攒下了可以让心扉完全敞开的知己？不用很多，两三个足够，但是一定要有，否则，人生难免会有一种残缺和寂寞。

也许有时我们觉得，自己的工作忙得不可开交，被家庭生活累得喘不过气，或者自认为有了老公孩子，其他人显得不那么重要了。有些人把自己曾经的世界一并奉献给了婚姻，朋友被看成了鸡肋，没什么时间来维系那一份份感情。就这样体会着老公的宠爱，孩子的可爱，以为什么都不需要了。可是有一天，假如婚姻突然出问题了，在跟老公闹别扭之后，竟然不知道该去哪里，可以被谁收留。如果再不幸失去了感情，才发现自己连一个真正的朋友都没有，那些每天与之笑脸相对的人竟然都是他的朋友，而属于自己的那份友谊那份安慰又在哪里呢？

不管我们现在是不是幸福，都应该拥有可以交往一生的知己，以我们的年龄，足够沉淀和积攒下一份厚重的友情。而且，我们应该更有诚意地对待她们，就算久不见面，也要记得适时地给予关怀，保存一件物品需要精心，保持一份感情更需要用心。

与我们一起吃饭的是朋友，和我们一起泡吧的是朋友，陪我们一起逛街的是朋友，甚至跟我们一起工作的也可以是朋友，但是知己，永远是你伤心沮丧、茫然无助的时候最先想到的那个人。我们的生命中有这样的人远远地关心，近近地陪伴，幸福之外，不知有多么幸运呢。

侧耳倾听

## 适用于闺密之间的小规则

1.永远不要将我们行走于社会，适用于复杂社交的那一套拿来对待真正的朋友，表面化的东西只会让朋友寒心和远离。

2.好友之间可以亲昵随性，但原则上的彼此尊重不能忽略，两个人终究是两个人，所以留一点儿空间给彼此，留一点儿美好给距离，才能让你们的友谊更久。

3.再好的朋友，你可以抢她的衣服，抢她的首饰，抢她的美食，甚至抢她的时间，但是，一定不能抢她的男人，否则，她一辈子都不会原谅你。

· 20岁，人际关系相对简单，利害关系也不明显，亲疏远近大多呈现于表面；

· 30岁，人际交往学问多多，如果参不透其中的内涵，难免要遭遇点危险。

# 熟知人际交往的潜规则

年初的时候，公司里来了新人，人事主管为他们培训了有关公司制度、工作流程等内容，最后一课讲的是社会交际。新员工们记录得认真详细，其实，工作之后他们会更加明白，还有着深入的人际交往艺术等待他们去积累。有些东西，别人可能告诉不了我们，只有自己在实际的运用中才体会得到，甚至有一些是摔过跟头，吃过亏之后才可以记取的。

对于那些人际交往的潜规则，我们需要时间来认识和消化，而在职场中已经打拼过几年的女性，不说要精于此道，至少也应该让自己在涉水时淹不死了。如果我们还像入职没多久的新员工一样懵懂，可真有点危险。如果我们如刚毕业的大学生般连基本的规则都不清楚，那就更要命了。

所以，我们从交际中的一般规则说起，先用最普通的交往艺术来补充一下那些可能缺失与疏忽的环节。

社会交往从认识一个人开始，那么通则之一就是熟记对方的姓名，这是对他人尊重的直接表现。卡耐基说过，一种既简单但又最重要的获得好感的方法，就是牢记别人的名字。通常来讲，女性比较细心，记忆能力良好，与对方相识后，记住名字不算很困难，但需要注意的是，记住的目的是为了下一次还能认得出，而不只是知道这一次怎么称呼，多用点心思，如果再见面仍然能够流利地叫出对方的名字，他会很高兴，并且对你接下来的交往大有帮助。

社会交往比我们想象的复杂很多，所以通则之二就是要学会察言观色，知人而交。毫无疑问，社交高手们最基本的一项技能便是“见什么人说什么话”。因人而异地采取灵活的交往方式，这是不可忽视的交际技巧。因为我们与之交往的对象不同，其性格特征和兴趣爱好等方面也必然有差异，随着了解的深入，迅速地掌握对方的特点，交往起来会得心应手很多，成熟女性由于更加温柔与柔韧，这方面做起来应该可以更好。

再熟悉的社交对象，也不能像对待家人一样随便，所以通则之三就是保持交往的空间距离。社交的空间距离一般在1.2~3.6米。其中近社交距离为1.2~2.1米，在商务洽谈、接见来访或同事交谈时适于相隔这样的距离，其语言特点是声音高低一般、措辞温和。远社交距离为2.1~3.6米，这是我们同新来的员工以及不太了解或普通交往的人所保持的距离，也适合于上级与下级的正式谈话，高级官员的会谈及重要的贸易谈判等，其语言特点是声音较高，措辞客气。

在这些一般通则的指导下，我们可以慢慢地在社交活动中体察更多的交际技巧和方法。不论对于职场还是其他场合的交往，随着阅历的增加，经验也会日渐丰富。所以，用心地去积累与人相处中的启迪和艺术，还有某些潜规则也应该去渐渐地思考和探索。

潜规则一，对于上司要有所见，有所不见。上下级的关系有时简单，有时也很复杂。简单的话，我们做好自己的工作，完成他交代的任务，就是对他最大的支持。复杂的话，如何与他打招呼，露出怎样的笑容，甚至穿什么衣服，都可能会影响我们在他心中的印象。聪明的女性，对于上司要充分尊重，言行得体，不该自己知道的事情决不打听，不该说的八卦决不传播，不该看见的情景坚决视而不见，极力回避。另外，还有个与女上司相处的细节需要注意，就是尽量不要穿得比她还漂亮华丽，尤其在一些特定场合。

潜规则二，对于同事要亲切有加，距离有度。再好的同事，因为无法回避的工作关系和潜在的利益问题，都注定了不太可能成为真正亲密无间的好友，但是，我们一定要尽可能地与同事愉快相处，一个将办公室弄得鸡飞狗跳的人，即使工作能力再强，也会让人头疼，同时不会给自己带来太多好运。我们该懂得人言可畏，出口前要三思。礼貌、随和、亲切、宽容、友好地与人相处，同时保有自己的空间，保持适当的距离，职场生活的安全系数就会高许多。

潜规则三，对于社交对象不可不信，也不可全信。信任，绝对是个有利于人与人之间交往的词，但在尔虞我诈的社会竞争里，信任又成为了一个容易让人悲剧的词，这不是说不能再相信别人，而是要明白头脑里具备一些警惕性对自己没有坏处。尤其是对于有业务往来和金钱关系的社交对象，要多花点儿心思与其交往，别不明不白地成了对方贪欲的牺牲品。

古希腊哲学家亚里士多德曾说过：“一个生活在社会交往之外的人，同人不发生关系的人，不是动物就是神。”如果人完全脱离了人际交往，脱离了社会，人就不再是人，而成为动物。无论从人类的生存和发展的本质，还是从目前社会的特点来看，人都离不开自己的同类，所以需要交往。

当代的成熟女性，有能力运用正确的社交艺术，为自己开辟出斑斓明媚的世界，然后在里面轻盈地旋转，从容不迫。

侧耳倾听

## 时时刻刻都要做一个精致的女人

1.女人无论何时都不要丢掉自己的魅力，社交时尤其如此。打扮好明丽的外在，培养出美好的气质，塑造出社交场中广受欢迎并赏心悦目的女性形象。

2.女人无论何时都不要忘记发挥自己的优势，比如温柔的目光，比如美丽的微笑，比如安静的聆听，比如婉转的言语……

· 20岁，我们正在父母身边撒娇任性，安心地接受他们的照顾，那时在我们眼里，他们还不怎么老；
· 30岁，我们要让父母也拥有这样的机会，安然地享受我们的回报，此时在我们心里，他们真的不年轻了。

## 珍视每一次孝敬父母的机会

老公把电话打到牧歌手机上时，语气焦急而沉重，“我先回家，你也尽快打车过来，我爸病了。”牧歌被吓了一跳，拦了辆车直奔另一个城市的公婆家。途中再次接到老公的电话，“直接到市中心医院，情况很不好。”

心急火燎地赶到医院时，公公已经处在弥留之际，四个小时前突发脑出血，但病势来得太急，抢救也无济于事了。震惊和害怕一时间让牧歌忘记了该怎么哭，只是握住老公的手，心跟着收缩和颤抖，这毕竟是她第一次经历身边老人的过世。然而丧事过去了很久，可家里仍然弥漫着悲伤而沉重的气氛，知道痛苦与追忆根本无济于事，但遗憾和内疚始终久久无法退去。

他们在后悔，因为平时工作忙，总是抽不出时间经常回家看看。因为习惯了自己家里的自由舒适，每次回去后往往待不了两天就匆匆忙忙地离开。因为与父母的共同语言日渐减少，有时候还会不耐烦他们的唠唠叨叨。因为从未觉得他们真的老了，总以为还有不少时间，可以慢慢地去尽孝心。但是，如果真的遇到了这样的情况，还会觉得时间很多，机会很多，依然来得及吗？

许多事情，都是在发生以后才会后悔，可后悔又有什么用呢？我们的后悔，无法弥补故去的亲人曾经望眼欲穿的企盼，无法弥补他们渴望有更多时间与我们在一起的心愿，无法弥补他们对于我们毫无保留的付出与奉献，也无法弥补想起就会觉得心口发堵的缺憾。

认真地想一想这个问题，再不孝敬父母，真的就要来不及了。随着我们的成长与成熟，父母必然会年岁增高，慢慢衰老。但现在我们总有这样的误区，或者说侥幸心理，认为他们最多才不过60岁，还有体力和精力，还什么都能做。是啊，也许到他们老得不能动的那天还有二三十年，但有没有发现现在的疾病，已经越来越多地光顾五六十岁的中老年人身上了。

看着牧歌的故事，我们的心是不是也会跟着颤抖？是不是也想到了自己的父母？那么，这周末，不管你安排了多少事情，都要抽出点时间回家看看，正像那首脍炙人口的歌中唱的一样，帮妈妈刷刷筷子洗洗碗，给爸爸捶捶后背揉揉肩。并且耐心地听听他们的唠叨，多了解一下他们的近况。

另外我们还应该明白，回家不只是单纯地看一看，也不是扔些钱买个心安，而要真正地做到用自己的孝心与爱心陪伴他们，关心他们。

当然最重要的还是关心他们的身体，记得每年定期带他们作一次健康体检，老人在心脑血管方面难免会经常犯些毛病，需及时地引起我们的重视，叮嘱他们勤去检测血压、血糖。如果身体上感觉有什么不适，要立刻送他们去医院检查，注意预防小毛病，才可能有效地降低犯大毛病的概率。

除了身体情况以外，父母的心理状态和情绪心态等也不能忽视。我们应该知道自己是父母的寄托与希望，他们已经把大部分的精力和努力心甘情愿地消耗在了儿女身上。然而我们长大了，一下子飞出了他们的世界，那种空落落的感觉任谁去体会都不好受。所以才要多陪陪他们，多和他们说说话，给他们讲一些开心的事情。我们听到、看到，或工作中遇到的小见闻，只要不是太让他们担心的内容都可以聊聊。他们可能似懂非懂或与我们想法不一致，但还是会很愿意听，只要跟他们说话，他们就会感觉到世界里充满了温暖而斑斓的色彩。

还有，我们没事的时候总喜欢外出去散散心，可曾想过带自己的父母旅游一次？他们在本该自由自在、年富力强的年纪，却为了照顾孩子而停住了起程的脚步。现在我们已经坐着飞机满世界跑了，可他们还对外面的一切充满茫然、新奇和渴望。所以，请放弃一个人上路的轻松，放弃两个人同游的浪漫，放弃三个人出行的温馨，带上父母出去走走，让他们也开开心心地放松一次，见一见他们没见过的风景，走一走他们没走过的路，体验一下他们年轻时就存于内心的愿望和憧憬。

孝敬父母，真的是琐琐碎碎，点点滴滴的事情，在于细节，在于心意，在于你对他们重视与爱的程度。就这样吧，在我们还有机会的时候，尽好这些总被我们忽略和推迟的义务，好好地去爱他们，让他们真正地感受到那份反哺的情义。

侧耳倾听

## 常回家看看才能不留遗憾

1.世界上最可恶的东西之一，就是借口，对于我们最爱的人，借口是让人心酸无奈的打击。他们不是看不出来，只是费尽心思地来理解你。

2.中国人可能不善于表达感情，不愿意将“我爱你”这样的话挂在嘴边，尤其是对自己的父母，但偶尔说点亲密温暖的话，会成为让他们心花怒放的表达。

3.对于经济条件不宽裕的父母，给些赡养费是最实际的孝顺行为，这也是我们的义务，别让他们时常因为没有安全感而愁眉不展。

4.如果真的赶上了工作特别繁忙的阶段，不能经常回去陪陪他们，也要多打几个电话，你的问候，你的关心，你的平安，都会给他们更多的喜悦和踏实感。

· 20岁，看到邻居家上演婆媳大战，不禁毛骨悚然，不明白为什么打成那样，却还要见面；

· 30岁，自己有了婆婆才懂得，原来有些东西避不开，也割不断，只能让自己学得聪明一点儿。

# 应对好婆婆是一项聪慧的技能

曾经有一段时间，似乎每个书城都在热卖有关婆媳相处的书；曾经有一段时间，似乎每个电视台都在播有关婆媳关系的生活剧。当时社会上轰轰烈烈地掀动着讨论婆媳关系的热潮。其中大多讲述着夹在老妈和老婆之间的男人，如何为难与烦恼的故事，当然故事的中心还是两个女人之间的战争，属于婆媳之间的永远说不清道不明的矛盾，还有永无休止的争吵、猜忌、恶言相向，甚至大打出手，最后是或悲或喜的结局。

《双面胶》是个悲剧。剧中的媳妇丽鹃，漂亮、时尚、小资、懂得享受。既有着上海女人的精致，也有着独生子女花钱时的大气。她从事着稳定的工作，还掌握着降伏老公的一套本事。她本应该很快乐很幸福地生活，却被那个东北婆婆的到来所颠覆了。婆婆是朴素勤劳没有坏心的劳动妇女，但不可否认的是其思想上的落后、行为上的抠门，还有年轻人所不能理解和接受的传统观念。

让这样传统的婆婆和反传统的媳妇在一起生活，这简直是世界上最糟糕最愚蠢的搭配。那么身兼儿子和丈夫双重身份的那个男人就像是受到夹板气的倒霉蛋，不是背着“娶了老婆忘了娘”的罪名，就是经历着老婆关于“我和你妈同时掉到河里先救谁”的刁难。

与这部剧相比，《麻辣婆媳》绝对是个喜剧。同样是漂亮时尚的媳妇，面对比自己保守的婆婆和最初存在的矛盾，但在经过了一系列的事件后，两个女人之间竟形成了血脉相连般的亲密。

两部生活剧很好地反映了人性与伦理，矛盾与调和，看的不只是热闹，还应该引发一些思考。作为30岁的已婚女性，儿媳的身份是婚姻赋予的客观存在，无法逃避，也不能不在意。现代的媳妇无须再遵守什么三从四德，但要让自己有三分演技，扮演好这个令不少女人头疼的角色，无形中也导演出了幸福的生活。

说到演技，并不是让我们把自己变得多么虚伪，而是运用好与婆婆相处的艺术，其中第一步便是摸清婆婆心中好儿媳的标准。因为每个人的性格和家庭背景不同，所以了解才显得更为重要。用心地去了解对方，是建立起良性关系的坚实基础。

婆婆毕竟不是生养我们的母亲，多年跟我们生活在一起，自然脾气秉性相互了解。而对于这样一位突然走入我们生活中的老人，要懂得在日常的接触中察言观色，慢慢发现她的性情与喜好，并且多关心她身体上的健康和心理上的需求。其实在这些方面，我们完全可以比她的儿子做得更好，女性的细心与体贴往往优于男性。在她被日渐长大的儿子和始终粗心的丈夫所忽略的时候，身边如果突然多出一个善解人意的媳妇，自然会欢喜地给出良好的印象分，既而不由自主地生出亲近感。

以我们目前的年纪，虽然不能完全看透人生中的取舍得失，但也应该渐渐地明白宽容的意义。对待别人时，我们都时常告诫自己要豁达，何况对待婆婆呢。小肚鸡肠、斤斤计较只能让婆媳关系越来越糟糕。即使是思想实难相融的两代人，生活习惯与性格喜好各不相同，但并不妨碍通过相互理解，达到表面上的和气与和谐。求同存异，先让自己成为大气的女子，容忍婆婆与我们在思想观念和行为方式上存在不同，如此，婆婆便也不会过多刁难。

此外，婆媳关系中还有个重要问题应该把握好，那就是距离。连夫妻之间都提倡留出一些时间与空间，何况婆媳关系呢？这种距离不只包括心理上的距离，也包括现实中的距离。心理距离要求我们与婆婆之间能做到若近若远就可以了，既不可能真的像与母亲那样亲近，也不要弄得像跟外人一样生分。而现实中的距离，更有利于双方保证各自独有的空间，会有效地避免摩擦的产生。我们不妨尝试一下“一碗汤”的距离模式。即，婆婆和媳妇住的距离，保持在端着一碗汤过去还不会凉的程度上。换言之，就是可以住在一个小区里，但最好不要在同一屋檐下。

当我们做好了这些，又具备了合宜的条件，其实婆媳之间的相处，远远没有想象中那么糟糕和可怕，要相信自己完全有能力胜任合格媳妇的角色。别小看这些事情，只有家庭关系和谐美满，幸福感才会更加饱满。

侧耳倾听

## 从麻辣婆媳到情同母女

1.聪明的女人，懂得在任何情境下都能适时地调整好心态。也许真的不喜欢婆婆，但是爱自己的丈夫就要努力去爱他的家人，至少应该做到不讨厌她。

2.因为懂得，所以慈悲。善待婆婆，是她以母亲的伟大，孕育并培养出了那个让我们情愿托付终身的男人。

3.可以将赞美的技巧多用于婆婆身上，平时多讲婆婆喜欢听的话，嘴甜的媳妇最讨巧。另外在婆婆面前经常赞美她的儿子，也会很得她的欢心。

· 20岁，只需要考虑如何当好女儿就行，或许成长里有烦恼，却极少让我们左右为难；

· 30岁，应该去考虑是否当妈妈，或许成熟后有更多选择，却经常让我们茫然失措。

## 不是丁克族，可以考虑当妈妈

每次我见到那位已婚的女友，都会关心一下她有没有开始“造人计划”。她说不急。其实她真的应该考虑了，不是说30岁的女人必须生孩子，但她是个想当妈妈的人这我知道，而女人的最佳生育年龄是二十七八岁。

女友跟我抱怨：“你说他抽烟、喝酒、打游戏，适合当爸爸吗？你说我虽然不抽烟、不喝酒，但工作忙得连休息日都少见，适合当妈妈吗？”

真的是这样，我了解他们的生活状态，可还是希望她能够把一个女人生命和婚姻里最重要的事情决断好。即使她暂时可以不去考虑，可以逃避下去，但如果有一天，想孕育孩子的时候，却不会再有这样的机会，那将成为内心无法抹去的遗憾。除非，能够一直高举着丁克的旗帜，坚决走到底。

所谓丁克，是指双收入无子女的家庭，它早已不是个陌生的词，而是渐渐成为一部分人坚持的家庭模式。接受了丁克思想，并按此付诸行动的人，一般具有反抗传统精神和敢于打破固有观念，但绝不完全等同于不负责任的人。你可以说他们不愿意承担养育孩子的任务，可以说他们贪玩，没长大，思想不成熟，也可以说他们以自我为中心，拒绝了让一生呈现完整的机会，但他们多数真的不是不负责任，他们一边享受着婚姻中感性的浪漫，也一边保有着自己理性的务实。不少丁克对责任的理解可能比一般人更为深刻，是在慎重地考虑自己承受责任的能力后，才选择了这样的道路，他们知道，既然允许了一个生命的诞生，就一定要对他全心全意地负责。

如果我们对丁克思想有着深入而冷静的认识，并向往永远的二人世界的浪漫与自由，当然可以做永远的丁克族，这是我们所选择的生活方式，旁人无权干涉，也不用在意别人的目光。

但是，如果我们仍然希望经历正常女人的一生，渴望当母亲，缔造三口之家的温馨，那么30岁的年纪，实在不能再无视这样的问题。同时需要和另一半作好沟通，至少要对多一个人的生活有心理准备和前期计划。

我们要知道，孩子出生后，生活会发生很大的变化，尤其对于女人来说，它可能是一个改变一生的决定。从前我们可能是任性的大小姐，以后却要变得贤淑勤劳；从前我们可能是雄心壮志的工作狂，以后却要分给孩子更多的时间与柔情；从前我们可能是潇洒的月光族，以后却需要考虑为孩子攒钱与投资；甚至从前我们可能连饭都不会做，以后却必须保证孩子的三餐营养……从前的我们和当了妈妈后的我们不只存在着身份上的不同，更重要的是要作好心理上的转换。

但是，虽然我们的生活因为这个小生命而忙碌起来，却也因为他而更加生动与饱满。我们可以切身地感受着他在身体里的生长，与我们血脉相连。我们可以真切地体会到来自于另一个人的依赖和信任。我们可以听到他甜甜的呼叫，迎接他柔软的依偎……很多做了母亲的人都会发出这样的感叹：“养孩子累是累了点，但看到他可爱的样子，觉得所有的辛苦都值了。”

孩子的确会令女人快速地成长与成熟起来，心思也会变得更细腻缜密，考虑问题也会渐渐全面。生活能力、理财能力、心理承受能力，都得到了提升，因为一心想给孩子健康快乐、无忧无虑的生活。

如果此时你心里充满渴盼，又作好了准备，那就去努力创造新生命吧。当然你需要知道，生出一个健康优秀的孩子，不只是你和家人的心愿，也是对孩子本身及对社会的负责。所以你要让自己和老公在生育的准备阶段作好体检，戒掉烟酒，补充叶酸、钙质和必需维生素，怀孕后尽量远离网络和化妆品，保持好心情和好心态。你的身体是孩子的第一个家，是承载着他生命的摇篮。虽然你不能决定他的未来，却可以决定他的起点，别让你的孩子输在起跑线上，这是你想好了要当妈妈之后最应该在意的事情。

总之，以自己成熟的心态考虑好这个改变生命的选择，究竟是想要一身轻松的自由，还是想要亲情牵系的温暖，决定权都在你的手中。

侧耳倾听

## 要孩子与不要孩子都是一种责任

1.不得不承认，生育真的是早一些比较好，不但身体状态处于最佳时期，精力也会饱满充沛很多，而且，孩子长大了，你仍然还是个看起来很年轻的女子。

2.如果没赶上早班车，30岁也不晚，而且还是职业女性比较集中的生育年龄。人的一生中总会在某个时段做必须做的事情，别为了事业上一时的暂停而惶恐烦闷，孩子也是你一生的事业。

3.选择意味着失去，对于那些选择了自由而放弃了做母亲机会的女人，无论人生进行到哪个阶段，都别后悔，也别遗憾，因为你的生命里也有着别人所没有的风景和快乐。

· 20岁，爱情宛如一杯鲜榨的果汁，无论喝在口中，还是捧在手上，都会觉得醇香美妙；

· 30岁，爱情更像一壶恬淡的茶水，需要耐心地冲泡，应该细细地品鉴，方能感到馨香悠长。

# 让爱经得起平淡的流年

非常巧合，写到这个题目的时候，正好是情人节。这是个空气里充斥着玫瑰与巧克力香气的日子，会有许多情侣坐在情调餐厅的角落里深情对望，窃窃私语。我在这个特别的时刻写着这篇有关爱的文字，感觉还是很温馨的。

不能说爱是每个人生命的全部，但的确是不可回避的主题之一，尤其对于女人来说，爱是保持美丽鲜活的滋养剂。从情窦初开的少女时代开始，一份浪漫完美的爱情是大多数女孩儿的追求与渴望。当时公主与王子的童话、才子和佳人的默契往往在很大程度上影响着女性的爱情观。带着这种唯美的情结，女人们在恋爱中尽享甜蜜，但热恋不是爱情永远的状态，感情发展得顺利，走入婚姻是一种必然。

然而，有一句话很残酷——婚姻是爱情的坟墓。围城中的女人总是在抱怨，他一点儿都不浪漫，节日、纪念日从来想不起买花或者送礼物。的确，不少男人可能下班后拎回一把蔬菜，却没有顺手带回几枝玫瑰的习惯，对于这样的他，带着这样的抱怨，我们还是和他共同走过了好多年。

我知道谁都有过忍无可忍的时候，就像我最好的女友那样，某次坐在肯德基里痛哭流涕，痛陈她的男人有多么懒，多么贪玩，多么没有责任感，以及层出不穷的坏习惯。那时他们刚刚结婚一年，七年之痒似乎还很遥远，但是一年足够看清一个人，足够暴露不少小缺点，足够让激情慢慢地冷却成温吞吞的感情，也足够让自己怀疑爱情这东西到底能走多远。

我一点儿都不奇怪，平时个性坚强的她此时为何哭得这么惨，大概罪魁祸首就是落差。作为见证过他们婚恋全程的我，知道他怎样花尽心思地追求她，怎样送礼物，请吃饭，陪逛街，陪旅游，而婚后的生活，无疑太琐碎也太平淡了。

女人生命里幸福的事情之一就是从女友变成妻子，而无奈的事情之一也是如此。当二十几岁的年华已经远去的时候，80初的独生女们正迷茫地在婚姻的围城里沉浮。有人叩问：“80后的你们为什么会不幸福？”的确，80后已有一部分人走入了30岁的门槛，他们曾经作为娇生惯养的一代，从自立能力到心智心态，都不如想象中那么成熟。但是，当社会责任和家庭责任一样不少地加在他们身上时，他们却还习惯保有自己的世界，坚持孩子般的梦幻。他们容易厌倦也容易消极，所以有时看不清很多东西，并开始怀疑幸福，离婚率也与日剧增。

仔细思考一下，我们是不是真的该成熟了呢？是不是该学会现实而理性地面对人生问题？婚姻不只是风花雪月，更多的是柴米油盐。不需要天天搞得轰轰烈烈，却需要日日悉心经营。

如果想创造稳定和谐的婚姻生活，就要以平和的心态和宽容的姿态来对待与我们相濡以沫的另一半。还要懂得婚姻不是恋爱，努力地适应落差的存在才行。但同时，也不能放任平淡的生活真的如白开水一样无趣无味，当有一天彻底走向麻木倦怠时，危险与破裂的局面将一发不可收拾。所以我们要修炼成聪慧和勤奋的女子，聪明地觉察到消极形势的产生，聪明地发现潜在的危机，勤于思考，勤于改变。别忘了，每个女人都可以成为一所好学校，只看自己有没有这种意识和能力。

当然，夫妻之间经历了长期的共同生活后，属于个人的习惯和癖好肯定会慢慢地展现在彼此面前，无论恋爱时多么激情澎湃，和谐的共同生活才是考验耐心与包容性的关键。所以要记得无论何时，都尽量做到彼此尊重，生活里大多是鸡毛蒜皮的小事，没必要兴师动众，以居高临下的态度发表见解。同时，也别对他过于苛刻，无伤大雅的习惯可以适当无视。最好别让男人苦苦揣摩我们的心思，想要什么就说出来，他们通常不会因此而烦心，反倒会因为琢磨不透而心烦。与爱人之间经常相互鼓励和赞美，能带来许多快乐情绪，往往会产生意想不到的效果。

另外，聪明的女子还一定要懂得情调，善于创造激情，日子不是一天比一天平淡了吗？那么时常给婚姻来点惊喜和新鲜感，这才是幸福的秘诀。同时，让自己的性情更为平和淡雅，让他回家如同驶进了一方宁静的港湾，身心都可以得到放松与安抚，如此，幸福的感觉必然会常伴身边。

婚姻的学问很多很复杂，也极微妙，记得张爱玲在《红玫瑰与白玫瑰》里有这样一句论述：“也许每一个男子全都有过这样两个女人，至少两个。娶了红玫瑰，久而久之，红的变成了墙上的一抹蚊子血，白的还是‘床前明月光’；娶了白玫瑰，白的便是衣服上的一粒饭粘子，红的却是心口上的一颗朱砂痣。”这虽然是在说男人对于拥有和渴望的态度，却也证明了岁月与婚姻可以改变一切，因此大意不得。

真正的爱，应该经得起平淡的流年；真正聪明的女人，应该懂得在平淡中编织出美妙的幸福。

侧耳倾听

## 可以平淡但拒绝冷漠

1.我们可以有平凡的态度，过平淡的生活，但要拒绝做平庸的人，30岁的人生正是呈现精彩的阶段，不只是说爱情生活，而是说我们的整个世界。

2.当我们知道婚姻里的平淡必然会出现时，当我们意识到自己应作出改变时，当我们准备将心思多投入到对方身上时，别忘记也将自我空间打理得舒心积极，这样的女人才会更有能量。

· 20岁，浪漫对于我们而言，也许是成熟季节的蜜桃，水嫩饱满，哪怕仅仅是端详，也很养眼；

· 30岁，浪漫对于我们而言，也许是剥离了果肉的桃核，干涩但坚实，只要深埋地下，终有一天会开出满树繁花。

## 以浪漫调适婚姻危机

我有个习惯，坐火车的时候总喜欢带本杂志翻看。那天我没带，原因是我和一个朋友买了相邻的两个座位，我们很久没见了，可以聊聊天，或者赏赏风景。我一直认为风景应该是在窗外无边的麦田里，或是青翠的山水间。可是，我们看到的风景却分明就在对面的座位上。

男人和女人很亲近地坐在一起，有时头碰着头，有时在彼此耳边轻说几句，有时很快速地吻一下。两个人的手始终交握在一起，也始终交替着放在某一个人的身体上，那亲密程度很像是热恋中的情侣。

朋友终于忍无可忍，拉我到其他空位上去坐，我知道她无法忍受的原因。如果是一对小情侣如此我们大概不会觉得有什么，可是对面的人，分明已经过了30岁的年纪。

朋友说，三十几岁的人，大概早已走过了婚姻的七年之痒，根本不可能还保有年轻人一样的激情和冲动。各方面的压力和审美疲劳之下，他们能够完成家里最基本的功课就已经不错了，哪里还有精力在外面演绎这样如胶似漆的景象。所以难免会得出结论，他们应该是情人关系。

我觉得这话虽然有点残酷，可或许也有几分道理，不信就想想自己的婚姻。很多时候，是不是已经习惯不再牵着对方的手过马路了，是不是在灯火昏黄的街边等车时也没有了与之接吻的冲动，是不是即使对方赤裸裸地处于身边也通常熟视无睹？而这些却是恋爱和新婚时极少出现的状况。

不少婚姻往往在日日相处中，把原本浪漫的关系变成了一种表面的稳固，谁又知道里面暗流着怎样的汹涌。当生活真的淡得如白开水，有些人就开始悄悄地竖彩旗，探红杏了。因为浪漫是感情的调味剂，每个人都想得到，把生活调剂得有滋有味。可是它不在我们必需的白水中，而在七彩斑斓的饮料里。

浪漫是个太过美好的词，里面仿佛孕育了昙花一现般短暂的感觉。因为在很多人看来，浪漫永远是属于情侣关系的，属于青春年少的。所以有些刚结婚几年的人也会说，都老夫老妻了还浪漫什么。浪漫就这样在它还可以源远流长的时候，遭遇了婚姻的抢白，和中年的疲乏。

男人迎娶女人回家，他的本意上并不是想找一个保姆或者厨娘，但是，仔细想想，是不是有不少刚刚结婚几年的女性，不知不觉中已然胜任了这样的角色？为什么不能做生活里的情调女人？为什么不能给自己的婚姻多加入一些浪漫的元素和鲜活的感觉？虽然我们已不再是甜美的少女，但浪漫跟年龄没有直接的关系，不只让那个男人需要，更要让他疼爱，并如恋爱时一样让他欲罢不能，这才是做女人永远的幸福。

别以为拥抱和亲吻是恋爱和做爱时才做的事情，想一想，已经多久没给爱人一个结实的拥抱和甜蜜的吻了？要知道，这两个动作可是属于爱人之间最基本的行为，同时也是种特别的交流，实在不该遗忘。在起床的时候给对方一个拥抱，让其在清晨的阳光里感受到来自我们内心的温柔与珍惜。在出门前给对方一个亲吻，让其在一天的时光里都可以回味美妙的芳香与爱意，相信我们的举止，可以锁住一个人爱我们的心。

当我们给婚姻一些浪漫，婚姻会还我们更多的幸福。就这样，让自己尽可能地成为既温柔又可爱，而且时时散发着浪漫情调的小女人吧。我们不要做墙上的蚊子血，要做就做他心口的朱砂痣。有时不妨在婚姻的事实里保有一种未婚的心态，当我们有机会向别人介绍他时，可以调皮地说：“这是我男友。”

首先他是我们的男人，其次还是我们的朋友。看，这解释多好。如果能够永远以这两种身份存在于彼此的生命里，那么，即使人到中年，我们也可以有属于自己的光明正大的浪漫，因为这样的心态会让人年轻不少岁，永远充满鲜活与激情。所以，去做懂得营造浪漫情调的女人，浪漫可以随时随地。但是，我们还应该明白，所有的浪漫都有必要存在于聪明的头脑和理性的控制里，因为此时我们真的已经过了傻傻的浪漫的年纪。

侧耳倾听

## 珍惜与他在一起的好时光

1.记住这些浪漫的时间：他的生日、你们的恋爱纪念日、你们的结婚纪念日、西方情人节（每年的2月14日）、七夕情人节（每年的农历七月初七）、平安夜（每年的12月24日）、圣诞节（每年的12月25日）等等。

2.记住这些浪漫的地点：西餐厅、咖啡吧、电影院、公园、山顶、海边、宾馆、你们的家里等等。

3.记住这些浪漫的方式：交谈、倾听、凝视、牵手、拥抱、亲吻、抚摸、做爱等等。

4.记住这些浪漫的物质：音乐、烛光、红酒、玫瑰、巧克力、情书、香水、性感睡衣、安全套等等。

· 20岁，我们基本上在宿舍里过着集体生活，有时候还喜欢爬到姐妹床上，来点夜半私语；

· 30岁，我们可能已经结婚过着家庭生活，有时候却真想走出门去，找个没人的房间静想。

## 买所房子建成自由幸福的城堡

在我心情不好“离家出走”的那个晚上，一个人坐车去了邻城，在快抵达的时候才想起给生活在那里的女友打电话，请她帮我订一间宾馆。女友来接我的时候什么都没问，只给了我一个拥抱，然后挽着我走向她的车子。车子很快开进了一座花园小区，我客气着不肯下车，执意拒绝住她家里，唯恐打扰她三口之家正常的生活。最后弄得她冲我瞪了眼睛，“别磨蹭了行不行，先跟我来。”

无奈之下只得随她走进那间公寓，这时我才恍然大悟，原来这里并不是我所想象的那个家。房子不大，五十几平方米，但卧室、客厅、小书房、厨卫一应俱全，有的墙壁刷成淡淡的粉色，也有的墙壁被刷成浅浅的蓝色，洁白的地砖可以照出人的影子，毛茸茸的玩偶在沙发上幸福地依偎着，柜子里只有亮丽风情的女装，卫生间的洗手台上是全套的女性化妆品，似乎还弥漫着淡淡的香水味。墙上挂着写意派的画作，还有照片，但只是女友一个人的艺术照，她在里面笑得清纯甜美，温柔可人。

我惊讶地望着她，她倒表情淡然地开口：“怎么样，这回可以放心地住下了吧？”请原谅我的邪恶，我使劲忍了忍才没好意思问她的婚姻是不是出了问题。果然是我的闺密，她一眼就看穿了我的心思，拍拍我的肩，“想什么呢，先去洗个澡，然后我们再慢慢聊。”

那晚我们聊了很久，其实她的婚姻很和谐，家庭也很幸福，但突然有一天，她发现自己几乎将所有的时间与精力都奉献给了工作、孩子和老公，每天回到家里看到满地的玩具，闻到隐约的烟味，房间里随处可见的脏衣服，她都烦不胜烦。就在那一刻发现自己特别想要个独处空间，静静地待一会儿，同时也会给身体还原了能量。其实结婚前她就有个愿望，想要一间完全属于自己的公主房，女人不论多老，都有着不变的公主情结，现在她还是对那些满怀渴望。

于是，年底的时候，她用一年的奖金和所有的积蓄付了这套小公寓的首付，然后按照自己喜欢的样子装修和装扮它。看着整洁清雅的房间出现在眼前时，喜悦之情真是难以言表，想想今后累了倦了的时候随时可以投入它的怀抱，该有多么幸福。她的老公起初并不理解，觉得家里一百多平方米的房子难道还不够住吗？但慢慢地还是明白了妻子真正的心愿，她不只是想要一间房子，还想要一份自由，这种自由的给予不但不会让她远离，反而会令她每次都能以更好的状态再现。

事实上，对于30岁的女人来说，无论你是否结了婚，都应该有计划地为自己攒下一套房产。因为这时候的你，已经具备了创造和积累财富的能力。如果你的经济条件允许，购买一套住房，既可以体验自由自在的家的感受，也可以作为投资的考虑，房子是最能给人安全感和不容易贬值的消费项目。

当然，我们购房的意义，不只是选择一所房子那么简单，它对你今后的消费方式、职业规划等都可能产生影响，所以在购房之前必须作好充分的考量与分析，并注意以下一些细节。

不论单身女性购房还是已婚女性选择自己独立的空间，都要依据自身经济能力量力而行。要知道，你购房所产生的费用基本上都要由自己来承担，所以小户型是最好的选择，只要它设施齐全，够一个人居住，而且经济压力还不会太大，这就很好。对于购房也要有长远的眼光和全面思考的态度，尤其对于女性来说，小区的安全状况更要重视。如果公寓配备了精装，将会免去不少麻烦。此外，月供是不容忽视的大问题，经济条件允许，尽可能多地付首付，这样可以减少每月的还贷压力，让房贷占自己收入的30%左右就可以了，过高的话，生活质量将会下降很多。同时的确需要培养点节约意识，因为每个月银行都会向我们催租。

购房之前多了解一些房产知识没有坏处，因为我们是去寻找一个与自己休戚相关的生存空间，那里将是个特别的世界，偶尔和爱人来些缠绵一下，不时地与姐妹们小聚一回，多数时候是一个人来感受那种温馨、洁净、舒适、自由与安详。

或许，此时你可以放一首老歌："我需要一个属于自己宽敞的房间，装满阳光，静静感受温暖，委屈时泪水让它一颗一颗掉下来，就算是过分，也无须收敛……"

侧耳倾听

# 女人独立最有安全感

1.女性购房要趁早，它会让你早一些享受到家的感觉，不管你是否结婚，30岁，已经是置办个人房产适宜的年龄，而且购房也是增加个人洒脱、自信与安全感的行为。

2.坚持自己的想法，只要经济条件允许，就算别人反对也不要妥协，因为男人可能背叛你，　但房子不会。如果婚恋里真的出现不愉快的情况，自己的家便是最好的港湾。

· 20岁，我们捧着假期打工挣来的第一笔钱欢天喜地，要知道，积累了最初的社会实践经验也是宝贵的财富；

· 30岁，我们拿着与自己的付出所不符的薪水垂头丧气，要懂得，越是成长越要让别人认可我们的价值。

## 让薪水日渐接近自己的期望值

看到周瑾坐在办公桌前一副若有所思的样子，我就知道她准是遇到了问题，而且还可能是一件比较棘手的事。于是，中午一起吃饭的时候便特意表示了一下关心，问她怎么看起来不在状态，是否需要帮忙？

周瑾是与我同批进入公司的同事，虽然职场关系让我们不能做到真正的无话不谈，但因为性格上很合得来，所以相处得也不错。没想到平时开朗健谈的她这次却有点吞吞吐吐，想了半天才开口，“初夏，我给你出道题吧。一位女职员，她目前在一个比较稳定的公司里，从事着一份比较稳定的工作，虽然还看不到薪水的提升和职务的升迁，但相对来说环境宽松，人际关系简单，日子也好混些。但此时另一家同类公司却向她抛出了橄榄枝，待遇自然比原单位优厚，只是，如果她同意去的话，将不得不重新开始熟悉新的环境，建立新的人际关系，以及应对一些不确定的未知情况。你说这名女职员应该作出怎样的选择？”

说实话这问题让我一时间不知道怎么回答，不是没有答案，而是不知道如何表达才更妥当，才能让听者得到点启发，又留有自己思考的空间。何况我已经意识到这大概正是周瑾所遇到的烦恼，其实也可能是不少职业女性曾遇到过或将会遇到的问题。

那么，我不妨把无法对我的同事直言的话，在这里说与你们听。

对于刚刚工作的女孩儿来说，告别校园生活之后，最需要的自然是找到一个工作的机会，努力地积累起自己的职场经验值，确定好适合自己的职业方向，同时能促进自身的不断进步与提高，这些往往会比公司暂时开出的薪金水平重要得多。但是，对于已经积累了七八年工作经验的成熟女性来说，考虑职业选择的时候，有必要更全面更理性更现实。除了自己的个人喜好、发展空间、人脉关系等，公司的待遇也是职业规划中非常重要的一项。

薪水，从某种意义上看，不只是我们每月拿到多少人民币，够不够生活所需那么简单，它体现出的是个人的价值，是老板愿意以怎样的金钱代价来雇用我们为他工作，而我们所创造的价值通常必须要符合他所提供的薪水程度，如此他才会感觉到雇用人的正确性和必要性。所以，作为可以在职场中独当一面的职业女性，应该让薪水符合自己的期望值，它会激发出我们继续拼搏的动力。

其实，那名女职员，或者说周瑾，如果想作好这次选择，不妨认真地给自己重新做一次职场定位。不管现在身处的环境有多么舒服，当它忽视了我们的个人价值，迟迟无法产生现实有效的激励作用，可以慎重地作出离开的决定，去找寻新的发展机会。当然，如果我们对原有的工作内容、工作环境、上司同事仍然充满不舍和留恋，不想轻易地跳槽，那么就积极地为自己作一下尝试，带着勇气和自信去找老板诚恳地交换意见。认真地说出自己的个人想法、事业愿景、薪金期望等。而这样的行为，通常需要我们准备好充足的资料和可靠的数据，得让老板看到我们的贡献和可以为他带来的效益，如此他才可能付出相应的价值回报。

另外，如果只是单纯地与老板商谈加薪问题，还需要注意几个小方面的内容。除了上面所说的准备足够的理由与证据外，要了解公司加薪的时间，大公司每年都有固定的提薪规章，这样可以提前有所准备。要懂得选择适当时机，上司心情不好时就别去碰钉子了。要静听老板不为你加薪的理由，意愿没得到满足可能会让人懊恼，但明白了原因对下一次绝对有好处。

作好准备以后，就大胆而积极地行动吧，30岁的女性，真的该拥有一份能够为自己撑起晴朗天空的事业，并让每月的收益诠释出这份辛苦与进步，不可以再漫无目标地混日子了。还有，请务必努力工作，因为无论何时，工作都不会背叛我们，反而会给我们更多的肯定与保障。

侧耳倾听

## 女人好好工作是为了好好生活

1.虽然薪水是个人价值的体现，也是左右职场选择的一个重要因素，但不顾一切地向“钱”看显然并不可取，成熟的职场规划应该是综合而理性的。

2.时间很宝贵，有必要做个果敢的女人，在职业选择上不再抱有犹豫不决的态度，冷静分析，大胆决定，并且相信自己。

3.努力工作，努力赚钱，但也要懂得适时放松和享受生活，别为此牺牲掉人生中的美好。

· 20岁，我们身处喧闹的年华和骄纵的时代，喜欢坐在男人身边看他们开车，此时，觉得他们真帅；

· 30岁，我们进入自主的世界和独立的时代，希望亲自坐在驾驶位置操控乾坤，此时，觉得自己好美。

## 需要有辆车让生活随心所欲

对于大多数男人来说，香车跟美女一样，都是他们的心头好。他们需要车子，不但是出于出行的方便快捷考虑，也是身价的表现和身份的象征。而女人，在传统的观念里，似乎更适合于在副驾驶的位置上坐成一道亮丽养眼的风景。如此，男人手里驾着爱车，身边伴着美女，可谓宝马雕车香满路了。

但是，在现代社会背景下，已经有越来越多的女性亲自在与车子打交道，这个看看驾校里日渐增多的女学员就可以知道。其实，女性与车子完全能够做到和谐搭配，女人驾车，有利于让自己的生活更从容更优雅更有品位，熟女和淑女的气质便在这种自如方便中得以加固。

曾经看过这样一句话，如果你不是出门就有车子坐，那么请不要轻易穿白色的鞋子。或许我们不会为了穿白色鞋子而特意去买辆车，但无疑一个自己驾车的女人，会将那分白色穿得更加自信和随心所欲。

成熟并拥有一定社会地位和经济能力的女性，一般不会再满足于像小女孩儿般新奇地坐在男人身边享受风光，也不会满足于时刻依赖男友或老公接送的状态，她们需要得到真正独立自主的生活，想走的时候自己驾车就可以走，想玩的时候开车就去玩，甚至还可以体贴地去接一下因参加聚会喝了酒而不能开车的老公。她们手握方向盘时的那份专注，坐上驾座时的那份优雅，开车呼啸而去时的那份潇洒，都在刻画女性美的另一个角度——自立自信。

所以条件允许的话，女人要考虑去买车。其实很多时候，女性不买车并不是因为她们真的买不起，汽车的价位高、中、低档都有，完全可以按承受能力选择一款适于自己的产品。她们更多的是害怕养护汽车的费用太高，或者与车子有关的事情过于麻烦和消耗精力。事实上，女人只要在汽车养护上多花一点儿心思，合理地规划其费用支出，完全可以做个潇洒快乐的有车族。

当然，在考虑养护汽车之前，我们先要根据自己的经济情况去选购一部爱车，购车大多是为了方便出行和提高生活品质，如果我们选购的商品远远超出实际购买力，反倒会影响生活质量。像车子这类大宗消费品有必要慎重对待，至少我们需要清楚买车的主要目的是什么，为了上下班或者接送孩子方便，还是为了周末或假日出去兜风便利，抑或为了地位的彰显和身份的展示？

对于刚刚步入30岁门槛的大部分女人来说，购车更多的是为了出行的需要，那么不妨想一想，如果每天上下班的车时在半小时以上，买车的时候更应该关注舒适度和每公里的油耗量。有些女性因为暂时经济能力有限，会想到通过分期付款的方式买辆新车。当汽车贷款和房贷同时压向你并不强壮的双肩时，理性的规划则显得尤为重要。此后，你在每个月的预算中还必须考虑到汽车油耗、养护、保险等方面的开支，比如保险费通常要占到车价的3%~5%，较好的经验法则是：把汽车的所有开销控制在月收入的15%左右，这样你在享受了品质生活的同时，也不至于过得太紧太累。

至于在养车方面，我们需要考虑的是：首先可以适当地延长保养周期，正常情况下，如果车辆的技术状况较好，适当地延长保养周期能够节省不少开支。其次有效地利用免费检测。很多厂商每年都会举办各种名目的免费检测活动，有时间的话去关注一下，得到收获的可是我们自己。再次，当车子出现小毛病时要及时去修理，以免慢慢形成大毛病，甚至连累到昂贵部件的损坏，那就得不偿失了。最后，考一张货真价实的驾照，严格地遵守交通规则，别让交警派送的罚单和交通事故产生的医疗费用，来打击我们原本脆弱的个人财力。

想买车的女性，多用点心地去寻找心仪的爱车，别忽略自己内心对于品位层次的追求，有时我们的生活方式，也许就因为一部车子而改变。

侧耳倾听

## 让快乐一路随行

1.每个人都想让自己活得更尊贵体面，但切记量力而行。虽然我们主张这个年龄的女性该去购车，但决不赞同饿着肚子开车。

2.每部车都有它的特色和优势，我们要清楚自己的诉求点，女人买了东西就后悔的事情还是不要发生在这种高支出的消费品上比较好。

3.细心温柔的女性特质可能会让我们成为马路杀手的概率低很多，但前提是要有令别人安心、也让自己放心的驾驶技术。

· 20岁，我们做“月光公主”倒没什么，年龄还小，压力也不大，没钱了又可以去父母那里请求赞助；

· 30岁，我们做“月光女神”却要不得，欲望渐增，生活复杂，碰上点意外支出就要感叹钱到用时方恨少。

# 30岁的“月光女神”让上帝都头疼

“当我拎着好几个袋子，走在从商场回家的路上时，我自己也觉得很惭愧。但当时就是控制不了自己的行为，那件衣服试穿时的效果简直太惊艳了，那款长靴穿在脚上的样子简直太完美了，那瓶保湿霜涂在手上的感觉简直太好了，所以，所以我一不小心……又刷爆了一张信用卡……”

这是我的好朋友小锐本月第三次给我打这样的电话，一边汇报着她对于心爱物品的疯狂掠夺，一边表达着自己对于超出预计支出的无限心疼，听着真是纠结。

对于这样一位“月光女神”，我真不知道该说什么。我也非常羡慕她的生活，每个月拿着高级白领的收入，活得绝对潇洒自在。时尚与品位在她身上得到了最好的表达与诠释，吃的、穿的、用的一律品牌化，出入高端的娱乐消费场所，坐在咖啡厅里喝正宗的蓝山，每月逛商场的次数比很多人每年逛的次数都多。但我知道每个月还信用卡的压力常常让她郁闷不已，坦白地说，别人仅领略了一个女人的风光，而我更多地看到了一个女神的月光。

或许“月光女神”对于大多数二十几岁的女孩儿来说是普遍存在的身份，司空见惯的情况，而如果我们已经是30岁的女人了，却还顶着这样的称谓，月月挣，月月光，那真是有些对自己不负责任。这时候的我们，已经不再是天真烂漫的年纪，应该成为生活得从容稳定的女人。也许拥有了婚姻和孩子，家庭责任要求我们必须和丈夫共同撑起那片天空，怎么可以对老公无奈地摊手说："你挣的钱用来家庭开销，我挣的自己花。"即使我们还是个快乐的单身贵族，也应该开始关注一下日渐衰老的父母，何况也有必要为自己的未来作规划了。

这样说，绝不是让女人把生活过得窘迫寒酸，我们一直在倡导女人要懂得享受，要懂得美，要懂得宠爱自己，但是从来没有主张女人要奢侈无度。我们可以找个时间收拾一下自己的房间，大概会发现很多很多意想不到的浪费。

衣柜里有多少衣服连价签都没有剪掉就被闲置了？化妆品是不是连封都没拆就已经过期了？有多少只背过一两次上面落满了灰尘的包包？那些随手买来却不必需的小玩意儿又占据了室内多少空间？然后我们就会发现自己有多浪费，多奢侈了。买贵的东西不一定叫奢侈，浪费在很大程度上才叫奢侈。即使一件小衫可能还不到百元，但几乎没被利用过，就没有实现它的使用价值，就等同于消费的失败。

我们减少一些诸如此类的奢侈，注意节约一下没必要的支出，无疑对于摆脱"月光女神"的尴尬有积极作用。在这方面，我们的确应该借鉴一下男士的冷静思维，女人买东西往往只在意一时的感受，而男人懂得把未来一并考虑进去。多数男人都是"按需购物"的专家，他们身边很少带着打折卡，而女人手里千奇百怪的优惠卡总是容易促成过度消费。

同时，30岁的女人，还应该学点理财知识，理财不只是有钱人的专利，也不只是理财顾问的专业，它是每个女人都要掌握的基本技能。理财也并非专指那些专业性很强的项目，它可以很贴近我们的生活，帮我们解决问题。

比如养成记账的好习惯，让你的支出一目了然。比如树立良好的消费观念，不再冲动购物。比如强制自己每个月固定储蓄，总有一天你会发现积少成多的重要。比如不做卡奴，别让自己陷入不知不觉的被动里。比如尝试一些相对安全稳定的投资项目，这项涉及专业领域，可以找一位投资专家，还需要一些谨慎和理性。

总之，清晰地分析自己目前的财务状况，积极地展开理财行动，的确是包括小锐在内的熟女们所应该在意的事情，因为今年是她最后一段"2"字开头的年华，岁月流逝了，青春渐少了，如果我们还没有长大，还没有保障，那么时尚的追求里将会含有太多未知的隐忧与悲凉。女人30岁还做“月光女神”的话，连上帝也不会原谅。

侧耳倾听

## 30岁女人要有“财商”

1.银行卡上要有自己的数字，无论你是否结婚，都需要这样一张卡来保持自己的独立自主，从容自信。

2.有良好的健康意识，并且合理地购买保险。这种花少钱省大钱的做法任何时候都不该忽视。

3.舍得为自己投资，每年划拨一定的预算，用于学习和充电，能力的提高能让我们将来可以有更多的财来理。

4.过稳定而优雅的生活，不但要懂得理财，还要努力工作，这才是生活最可靠的保证。

· 20岁，父母可能已经给我们买了保险，但更多地侧重于教育和意外，它能够让我们安全地成长；

· 30岁，我们一定要给自己买保险，投放在可以用到的方方面面，它会保证我们安心地老去。

## 买保险是对未来负责

朋友生孩子那年正好30岁，但在从毕业到已经孕育了生命的这七年里，她始终没有一份稳定的工作，结婚后更是安逸地赋闲在家，靠老公的收入保障生活。二十几岁的时候，由于年轻，很多观念也都没有形成，不懂理财，当然保险什么的更是从没提上过日程，总觉得那是上了年纪以后才考虑的事情，30多岁时再买养老保险也不晚。

就这样浑浑噩噩地跨入“3”字头的行列，她即将要当妈妈了，但儿子降生的过程并不顺利，剖腹产手术也是临时决定的。几天后我去看她，闲聊时她坦言，现在自己有些后悔，如果提前买一份生育险，这次生产便会省下不少费用。但遗憾归遗憾，她又不可能再生一个孩子，保险的事情也没再提过。然而不幸的是，一年后她被查出子宫肌瘤，需要开刀取出。人一旦生了病，对自己的健康才开始担心和重视，她去了全城最权威也是消费最高的医院做了手术，而手术的全部费用，恰好将儿子的一间儿童房提前预支了出去。

这次她是真的想开了，出院后便毫不犹豫地给自己买了三份保险，养老险，医疗险和意外险。她不再觉得现在还没到考虑这些的时候，也不再认为这是生活里的一种负担，反而意识到这种必要的支出，才能保证在今后的人生中轻装上阵。

要知道，保险是女人最放心的依赖，是永远不会背叛你的情人。它不会死去，也不会像负心男人一样扔下你不管。风雨历程中它总是静静地陪着你，远远地关注你，细心地呵护你，向你展开一个温暖可靠的怀抱。

聪明的女人应该早早地作好为自己的未来埋单的准备，尤其迈入30岁这个重要阶段的女人，可能会面对不少复杂的问题，凡事都依附于男人的想法太笨太傻，要不得。男人的寿命平均来说大概要比我们短好几年，而变心的速度也许比我们想象得快好几倍。所以，理性地考虑一下这些问题吧：我们还可以年轻多久？我们衰老的时候怎么办？我们的生活来源在哪里？我们生病了可有钱治疗？我们发生意外状况能不能很好地应对？

如果我们的答案是一派茫然，那么就从了解保险知识开始让自己清醒和明智起来吧。拥有这种保障的女人，通常比没有保险的女人活得从容与尊贵，也可以给自己的生活带来更多的选择性和主动性，同时还是女性能力和地位提升的表现。

如果你是工作比较稳定的职业女性，单位至少会给你最基本的“三险”保证，这个自然无须过多操心。如果你是家庭主妇或自由职业者，应该考虑从自己的财务规划里列出保险支出项目，选择那些不能省略的或者适合的险种。“不能省略的”当然还是指养老和医疗保险。而对于“适合的”，这里来特别补充一下女性保险的常识。

所谓女性保险，是指根据女性的生理特点和社会特点专门设计的保险产品。女性保险更多地作为一种“女人独享”的产品，被消费者所接受。它不仅具有针对性，而且去掉了某些不适合于女性的保险功能，降低了保费的支付。在交费方式和交费标准等方面也更加灵活多样，女性可以根据自己的具体经济状况自主选择。目前国内推出的女性保险主要有三大类，第一类是针对女性为了美丽所作的付出而进行赔付的保险；第二类是对于女性特殊时期保障费用的赔付，以及针对女性易患疾病方面的保护；第三类是在人身保障的基础上，还可以参加保险公司的分红，分享保险公司的利润盈余的产品。

当然，关于保险的学问的确不少，许多专业的知识和更细节的内容，你在这里还不能全面地获得，有必要到保险公司去咨询和了解，但我们却真的想帮你形成这样一种意识，用最实际的方式对自己的未来负责。30岁的女人，从现在开始关注生活中的方方面面，一切都还不晚，丰富美好的人生刚刚开始。

侧耳倾听

## 买份保险为自己的人生负责

1.保险不只是花钱购买和等待回报这么简单，它的种类不少，内容也很复杂，所以我们要细心地去学习，明白地消费和理性地支出，这才是应该有的态度。

2.选择正规诚信的保险公司十分重要，一个无法保证自己存在与发展的公司，如何来保证你的权益呢?

3.虽然购买了保险，有了一份安心的保障，但并不等于万事大吉，我们还是要注重理财，要关爱健康。说实话，某些险种，我们宁愿一辈子都不要用才好。

· 20岁，不需要考虑寻找什么样的健身方式，因为动比不动的时间多，能在外面玩，坚决不在屋子里被困；

· 30岁，需要考虑适合自己的健身法，因为不动比动的时间多，能在屋子里发呆，坚决不去外面受累。

## 找到适合自己并能坚持的健身法

突然觉得最近胖了，平时穿着合身的裙子竟然在腰臀部变得有些紧绷，于是赶紧利用休息日去了附近的瑜伽馆办了张三个月的季卡。而就在那里，我有幸认识了程晓。

其实两年前我练过瑜伽，只是后来由于生活的忙碌便没有坚持下去，显然现在的身体真的僵硬了好多，看着教练在前面做标准的示范动作，自己也只能量力而为。无意间转头的时候，我竟然发现了一个比教练做得还优美的学员，她高绾着发髻，面带含蓄的笑容，伸展着修长的四肢，专注的神情里有着让人一见即被吸引的魅力，后来我才知道，她叫程晓，一家软件公司的高级主管。

那是某个我们同时被雨隔住的傍晚，一楼的小茶座接纳了我俩，于是第一次相对而坐的轻松交谈由此开始。程晓以优雅而自信的姿态坦言了她身为女性所秉持的人生态度，最后我们聊到了身材和气质上，她很坚定地说，“我从不追求时下流行的骨感美，我提倡的是健美，所以一定要找到适合自己并能坚持的健身方式，让它自然而然地雕塑出我们完美的身形和美好的气质。我认识到这一点的时候，正好30岁，正在工作压力里疲惫不堪。某天突然不想坐车，也不想开车，下班后我走了一个小时回到家里，进门的时候心里竟然生出意外的感受，那不是累，反倒有一种说不出的畅快，然后意识到以后我的生活里每天都应该拥有这样的一小时，散步也好，打球、跳舞、游泳也罢，我需要通过这种方式来保持健康，来塑造身材，来补充能量，甚至还可以提升气质。所以，你才能看到今天的我。”

雨不知道什么时候停了，我走在回去的路上一直在回味程晓的那番话，和她这样的女人比起来，我们是不是太懒了点，借口太多了些？每天觉得自己很忙很累，忙到没有时间运动，没有时间旅游，没有时间放松，甚至没有时间思考，就这样，整日浑浑噩噩地应付工作应对生活，抱怨，焦躁，懒惰，麻木，却从未想过改变。一晃二十几岁的青春没有了，带着迟钝的惊恐成了30岁的女人。

不少人在这个阶段里身材日渐发福的，皱纹悄悄袭来，带着思想与气质上的平庸慢慢地混着日子，混比乌龟爬得还慢的升迁，混年底屈指可数的奖金，混入行的工作经验值，混了那么久，却从没想过提高自己，改变自身。

人的全面改善，既要从心灵开始，也要从身体开始，好的身体状态才能孕育出好的精神状态，所以，从最基本的做起，从关注自己的曲线着手，只要用心并且持之以恒，拥有好身材并不是件很困难的事情，形成好气质当然也如此。

既然能够意识到健身是件持之以恒的事情，那么就应该明白，我们所选择的健身方式，不一定必须是最快速有效、时尚流行的，却一定要是适合自己的。下面我们推荐几款适合白领女性的健身项目。

瑜伽。你学会了瑜伽，不只拥有了修身的方法，也拥有了修炼心灵的密码。瑜伽是最适合女人的运动，它会让女人变得更柔软更平和更安宁更豁达。它的重要成效不是瘦身，而是修身，让你的身体无限地拉伸、修长、优美。腹式呼吸的方法和某些特定动作的操练，对于健康益处多多，需要注意的是初学者要量力而行，切忌因过于急躁拉伤身体。

游泳。如水的女人，进行一项亲水的运动，该是件多么和谐的事情。而且这可是非常消耗卡路里，塑身效果超明显，又十分好玩的健身项目。即使你技术不那么好，游不了多久也没关系，连水中漫步都很值得提倡呢。那么还等什么，找一家水质有保证的游泳馆，去做一条快活的美人鱼吧。

打球。无论是乒乓球、羽毛球，还是壁球、保龄球、高尔夫球，扎着马尾辫奔跑、跳跃，或挥舞手臂的女人是不是看起来充满了活力，仿佛一下子年轻了好多。球类运动通常不是枯燥的健身行为，很大程度上是给你一个玩的机会，玩得开心又有所收获，何乐而不为呢？

跳舞。无论是优雅的芭蕾、国标，还是热力的桑巴、街舞，你都可以根据自己的兴趣喜好来选择。当然事先作些了解很重要，比如女性可以从芭蕾中学会控制自己的肌肉，长期坚持还能培养内在的美感，在工作和生活中也散发出美好的气质。比如桑巴代表了一种释放，有时候女人也需要一次自由挥洒的淋漓与畅快。

散步。这是最轻松、最简洁、最可行、最应该坚持的健身方式，对于它不需要说太多，只要能想到去做就好了。吃完饭出去走一走，上班途中提前一会儿下车走一走，周末时抽出时间到郊外走一走，让我们像爱逛街一样爱上散步吧。

总之，这世界上有着太多的运动项目，却还有着太多不爱运动的人。改变自己的观念，找到自己喜欢的方法，“动”起来的女人，会让世界也跟着生动起来。所以，请找到一项除床上运动之外你感兴趣的运动方式吧，并坚持下去。

### 侧耳倾听

## 女人在健身时也在学习如何与自己相处

1.做任何事情，坚持都是最难的，所以在选择健身方式的时候，兴趣与适合同等重要，热爱是最好的老师。

2.生命在于运动，其实运动可以像生命一样无处不在，不要认为只有到健身馆里做动作才叫健身，像仰卧起坐这样的运动，睡前做几个绝对没坏处。

· 20岁，我们全身好像都能呼吸，喜欢夜里出没，就算熬几个晚上也抹杀不了年轻的鲜活饱满；

· 30岁，我们要习惯于腹式呼吸，尽量早睡早起，因为只熬一个通宵都可能让我们容颜憔悴。

## 健康的生活方式从呼吸开始

在母亲为了日益发福的腹部烦恼不止的时候，我倒是想出了一个好办法，只不过她学了几次都没学会，确切地说，她不习惯。这个方法就是腹式呼吸。

如果没有接触瑜伽，大概我永远不知道关于呼吸还有那么多讲究。虽然现在暂时还没有时间把这项运动坚持下来，但至少我从瑜伽老师那里记住了腹式呼吸、胸式呼吸和完全式呼吸的呼吸方式。

曾经我的想法和母亲一样，将呼吸看成是一项自然而然，没什么关注必要的正常生理行为。事实上，呼吸很有学问，虽然有其规律性，但习惯和方式却可以改变，而且积极的变化能产生意想不到的健康效果。不正确的呼吸方式会打破吸入氧气，产生二氧化碳的平衡效应，从而引发身体上的某些疾病。

通常情况下，人们所采取的呼吸方式都是胸式呼吸，它属于浅层次的呼吸，换气量小，容易使体内积累二氧化碳，导致身体低氧情况的出现。这种我们每天都在使用、已经形成了习惯的呼吸方法，其实并不能为健康加分，所以我们要认识到它的不足，同时还要关注其他的呼吸方法。

有一种最适合人体同时也更健康的呼吸方式，叫腹式呼吸。腹式呼吸掌握得好，可以达到深层次交换气体的状态。当我们吸气时，腹部充分隆起，氧气吸入量便会加大，存留时间也会加长。而呼气时腹部收紧，随着气体缓慢地呼出，体内的废物也会充分地排出。这种呼吸方法不仅可以调整身体的循环系统，还有利于按摩内脏器官，刺激各个生理腺体的良性分泌，对于肠胃的蠕动和消化功能的加强也很有好处，而且它还可以令女性的腹部变得更加坚实，防止赘肉的堆积，达到形体上匀称美化的效果。这也是我极力想把它推荐给母亲的好原因。

胸式呼吸与腹式呼吸的连接进行，便构成一次完全式呼吸的完成。这种对气体的充分吸入与释放，会让我们感受到吐纳之后无尽的力量源泉。

此时，为什么要让女性在意自己的呼吸呢？因为我们需要随着岁月的推移，依然保持好美丽、修长的体态，以及平和、自然的内心。很多修身养性的锻炼都讲究呼吸上的配合。试想当我们紧张焦虑的时候，是不是深呼吸一下能感觉好一点儿？一般来说，人在发怒时呼吸也会变得急促，平静或常态时呼吸便会很平缓。情绪控制了呼吸，但通过调节呼吸也会反作用于情绪。

同时，对呼吸方式的改变，也会在无形中慢慢地促成生活方式的转变。深层次的呼吸让我们充满能量，渐渐地更加宽容与平和。而在这样的心态下，懂得配合地作出生活方式的调整，将是明智之举。

在都市生活的忙碌中，我们日常的生活方式大多不怎么健康。熬夜的人日渐增多，面对丰富多彩的夜生活，零点之前睡觉简直是种奢侈。网络是我们每天都离不开的东西，一边用着几百元一瓶的护肤品，一边接受着长时间的电脑辐射，皮肤状态只能每况愈下。长期不吃早餐也是现代人的通病，它不但对胃肠不利，引发胆结石的生成，而且对精神状态也有影响。还有，现代女性在社交活动中，不可能滴酒不沾，还有些女人将吸烟当做一种时尚和个性。吸烟和过度饮酒，在危害健康和加速衰老方面都是不该忽视的恶魔。

所有的这些，还有不必一一列举却绝对存在的其他坏习惯，已经时刻威胁着我们正常的生活和心态，如果再不作出积极的改变，极容易进入越来越无法控制的恶性循环中。那时候，我们将不再是美丽而精致的女人，转而退化成面容憔悴、身体脆弱、头脑迟缓、神情沮丧的女人。

无论工作忙碌的职场丽人，还是家务繁重的全职主妇，都有必要在身心全面接受挑战的30岁阶段，摸索出属于自己的积极健康的生活方式。饮食上多吃蔬果，同时摄取一些胶原蛋白。运动上找到适合的健身项目，并坚持下去。白天偶尔抽空给身体来一次SPA的享受，晚上最好每天能拥有高质量的美容觉。有时候可以让紧张的生活变得慢一点儿，这样对自我、对世界的感受也许就能多一点儿。

每一个阳光初放的早晨，或星辰闪烁的夜晚，我们都可以安然地坐在床上，深深地吸气，再缓缓地吐出。从改变呼吸方式到改变生活方式，我们的身心与生活都会得到最有效的调理与净化。

侧耳倾听

## 懂一点儿腹式呼吸训练法

腹式呼吸的练习，采用坐姿与仰卧都可以，初学者可将双手放在腹部来真实地感受一吸一呼的律动。首先由鼻子吸气，使腹部鼓起来，并充满空气，胸腔和肩膀先不要动。接着继续吸气，让肺的上部也充满空气，此时肋骨会向上抬，胸腔扩展，这个过程坚持5秒钟。然后屏住呼吸5~10秒，再缓缓地吐气，同时肋骨和胸腔渐渐回到原位，腹部也慢慢收紧，此过程也为5秒。如此，一次完整的腹式呼吸便完成了，接下来可以反复练习，最好形成自己的习惯。

· 20岁，心理变化像迅疾的风，即使遭遇成绩不好、恋情失败等不如意，也很快就能云淡风轻；

· 30岁，心理变化像缠绵的雨，一旦碰上工作受挫、生活烦扰，如果做不到及时疏导，便很难看到彩霞满天。

## 从生理到心理都加倍疼爱自己

说到生理周期，好像是属于女人的特定词，在无形中制约着女性某一时段的身体及情绪。它从我们还是十几岁的小女孩儿时开始光临，一晃又十几年过去了，始终是与我们不离不弃，时而被讨厌、时而又被期待的“朋友”。

成熟女性，一般来说，应该有相对稳定和较为正常的生理周期了，同时，一部分已婚的女人，生理疼痛现象也会有所缓解。不过严格说来，这应该还是与个人的体质有关。

生理周期确实是一个较为私密的话题，不过也的确是女性生活里不容忽视的问题。我们可能要一直在意它30年，甚至更长。它的健康走势不但影响着我们的身体状况，也直接关系着新生命的孕育和心理方面的变化，甚至未来更年期的状态。所以不要以为年轻的时候什么都可以做，什么都不用在意。

针对依然爱美的熟女们，我们在这里想特别提醒的是减肥与生理期的关系。这是个崇尚骨感与美感的时代，二十几岁的女孩儿们拚命地减肥，30岁的我们同样不甘落后，无论是因为新陈代谢渐缓而在身上堆积的脂肪，还是由于孕育新生命所付出的代价，总之，在警觉地发现自己的身形产生了改变之后，难免有人会如临大敌般慌乱不已，然后开始咬牙切齿地展开轰轰烈烈的减肥行动。

减肥最健康有效的方法必然是运动加上合理饮食，但绝大多数女性并不青睐运动瘦身，而且难以坚持，所以控制饮食便成为了首选。但你所做的往往不单纯是控制，还有过度节制。其实每天摄入的那一点儿东西，根本不足以维持身体的诸多机能。对脂肪的敬而远之，会导致这种必要营养素缺失，从而产生某些不良后果，比如对于月经的影响。

那么现在是不是有必要停一停减肥的脚步，在意一下自己的生理期？在每个月的那几天里，最好定时定量，多吃高纤维食物，摄取足够的蛋白质，两餐之间吃一些坚果类富含B族维生素和维生素E的食物。同时一定要避免冷食，不要刻意吃甜食，也尽量不要摄入含咖啡因的饮品和食品，另外就是要注意保暖和经期卫生等。

对于这个已经与我们相伴了十几年的生理现象，相信不必多说，很多女性心中都有所了解。然而，与生理周期同样重要的女人的心理周期问题，我们又在意过多少呢？

女性的心理周期可能随着生理周期的出现而出现，但又完全不拘泥于此。经期综合征是一种伴随生理周期出现的很常见的说法，经前和经期心理上的烦躁、焦灼、懒惰、易怒、灰心丧气、无精打采等都是这一时期女人情绪上常见的问题，只要注意调整，多加休息，常想些开心的事情，让心态放平和，并尽量食用清淡食物，这些现象会容易消失的。

此外，女人还完全可能在生理周期之外的时间，出现某些心理问题。比如，我们会随着工作的忙碌与轻松的变化而在心理上呈现出周期性波动。就像年底或年初人的神经最容易陷入消极一样，工作也会缺乏状态，或者染上假期病。女人的心理周期还表现在身处每一个十年的跨越阶段。30岁，40岁，50岁，每个阶段开始的时候，似乎有不少复杂的情绪左右着心理的健康，因为女人远远比男人更看重“年龄”两个字。而此时，即将或已经进入30岁这道门的女性，在精神上和心理上正在经历着前所未有的挑战。

忙，比任何时候都忙，不光为自己忙，还要为别人忙，为家庭忙，这样忙碌的我们能有一份轻松悠闲的心情通常很难。有时候也会不由自主地陷入烦躁与恐惧中，恐惧时间流转带走姣美的容颜，恐惧职场的压力越来越大，现实的生活越来越平淡。面对这样的心态，如果意识不到去积极地改变，我们将会被不良情绪束缚与控制。

所以，一定要让自己积极起来，具备良好的心理素质，才是收获成功完满人生的关键。工作紧张也好，家庭生活忙碌也罢，焦虑只能徒增烦恼，不如把得失看得洒脱一点儿，把追求上的完美度降低一点儿，把生活节奏放慢一点儿，把时间大方地分给自己一点儿，分给享乐一点儿。有时候，生活里并不那么需要高端，却很需要平衡，以乐观坚定、从容自信的心态及时地赶走不良情绪，实现由身体到心理的全面健康体验，为自己打开一个美好的心理周期的循环过程。

请记住，我们应该是这个世界上最疼爱自己的人，无论是关注身体周期，还是关注心理周期，都是应该在意的事，也都是必须在意的事。

侧耳倾听

## 做女人要懂得怎样平稳度过生理期

1.如人间有四季交替、月有阴晴圆缺一样，周期的规律性变化没有什么可怕之处，只要心态保持正常平稳，结果不可能出现太离谱的反常。

2.其实周期并不是女人的专属词，男人也会有情绪周期，有男友或者老公的女性，也在意一下爱人的心理周期，在那时多给他们一些关爱与理解吧。

· 20岁，我们总觉得所有的人对我们好都理所当然，我们是上天的宠儿；

· 30岁，其实真正对我们好的人只有那么几个，一旦失去了，会比想象中还难过。

## 珍惜那些真正对你好的人

这是本书的最后一个篇章，也是在出版之前才决定补写的内容，但这两千多字还是让我踌躇了很久。

我仔细地翻看了前面的目录。有时候想要不要写点与健康有关的？有时候又觉得用不用激发一下女性朋友的学习能力？有时候突然认为还是婚恋问题更实际，我的好姐妹正在岌岌可危的婚姻里受伤与憔悴，我需不需对此深入剖析一下？

但是，想来想去，最后还是定下了上面的标题——珍惜那些真正对你好的人。或许有些事情，可以一个人完成，但更多的时候，我们无法脱离与世界的联系，也无法忽略与他人的相处和互动，还无法漠视自己的感知与感动。

刚刚过去的春节，对我来说是一个十分忙碌的假期，见了许多人，也感受到了许多温情。与我团圆的亲友们，其实有些人平时很难相见，但他们还是对我一如既往地好，让人感觉到那是一种没有一点儿虚伪的诚心诚意。交流时的语言或许听着比较平白，但质朴而亲切。那一刻，我开始明白，对于他们所给予我的付出，我不应该每次都心安理得地接受，却总是遗忘了回报。临行前我记下了每个人的生日，就算我是这个世界上最不喜欢打电话的人，但从此以后，在每年的那几天，我一定要给他们打个电话，哪怕只是送去一声祝福与问候。那么，正在阅读这些内容的你们，是不是也有这样的一些亲人，是不是也要做一做这样的事呢？

我知道，谁的生命里都会有一份属于年少时期的记忆。当你与发小推杯换盏的时候，宛如在酿造时光的芬芳。我们喜欢听的是“那时我们怎么怎么样”，而不需要跟对方炫耀“现在我如何如何”。也许没多久，你就会发现自己醉了，醉给了久远而纯净的情分，醉给了成熟笑脸背后的简单，醉给了再也回不去的曾经……所以，对于那些一起哭过、笑过、闹过，同时也简简单单地好过、纯纯净净地爱过的伙伴，我们被生活打磨得麻木而坚硬的心，是不是一下子柔软了好多？

我知道，每个人的世界中，还会有几个不需要过多客气的人，他们可能是我们的父母、爱人，也可能是我们的闺密、知己。想想我们烦乱的时候打过谁的电话？我们出走的时候投奔过谁的住处？我们遇到困难的时候向谁开口？我们暴露了种种不美好的时候，又是谁仍然对我们不离不弃？这些固定地存在于我们身边、却又常常被忽视的人，才是对我们最好，也是最爱我们的。所以，珍惜两个字他们配得起。成熟的女子，感情不应该再风风火火，而是缓缓地流动，细细地润泽。

我知道，温暖的感情，只要经过悉心的经营和细细的体会，它便无处不在。我有一位素未谋面却非常要好的网络好友，我们一起分享过好书、好歌、好动画、好电影，当然也包括好的或不好的心情。在最不靠谱的虚拟世界里，能够彼此信任地做了两年的朋友，本身就是一件难得又感人的事吧。去年的圣诞，我们第一次以实物的形式寄给了对方礼物，实现了温暖而快乐的传递。今年的春节，我收到遥远的祝福，没有功利，没有勉强，也没有厌倦。如果你也有一位远远地存在却总是可以近近地交流与交心的特别的朋友，那么相信你的生活里也应该会不时地充满着期待与美好。

其实我还想提到很多人，但转念一想，还是装在心里更踏实。每当我偶尔怀旧的时候，便会想起依存在光阴里的那些角色，想起他们对我的种种好来。然后发现，似乎自己对很多人都不够好，他们比我做得强很多。而这些年来，我一直储存、消耗着他们给我的感情，度过了千千万万个有风有雨有阳光的日子。

此时，你们是不是也想起了那些全心全意对你好的人？30年，不只是一个时间的跨度，它是一条记忆的河流，里面物产丰富，每次打捞都不会让人失望。30岁，不要只做疲于奔命的陀螺，偶尔闲一闲，才能嗅出身边的融融暖意，才发现自己正在被爱着，被关心着。

我曾经听过对于一场车祸的描述。一个穿着红色大衣的女孩儿，当时就在我朋友的前面排队点餐，可是几分钟之后，她竟然丧生在车轮之下，手里的甜筒冰激凌还没有化，她的生命迹象却消失得无影无踪了。我也经历过几次亲人的离世，身体被病魔折磨得不成样子，最后在亲友的心痛中死去。

也许也只有在这样的时刻，我们才能更深刻地体会到生命的可贵，自己活着，身边的人也活着，该有多么幸福。也许我们都不曾意识到，学会感恩和懂得珍惜，正是一个人成熟的重要标志之一。

给亲人多一份体贴，给爱人多一些陪伴，给朋友多一点儿理解，给所有帮助过爱过我们的人多一些感激。人与人之间的感情，决不应该是单方面的付出，那些真正对你好的人，在乎你的人，也在希望着你对他们好，在意他们。

在现实而残酷的生活里，我们往往把时间更多地分给了工作、学习、恋爱、交际，人与人之间的相处，有时难免包含了一定的目的性。所以，单纯地想对一个人好变得非常可贵。无论是付出还是得到，我们都应该觉得幸福和幸运。这恰恰证明我们拥有了被爱的快乐，也具备着去爱别人的能力。

最后，我想以一首海子的诗作为全书的结束语，这是位不幸的诗人，却留给了世界一首充满温馨与幸福感的诗。而我相信，每个人的内心深处也都在期盼着——面朝大海，春暖花开。我为你们祝福。

从明天起，做一个幸福的人，
喂马、劈柴、周游世界。
从明天起，关心粮食和蔬菜，
我有一所房子，面朝大海，春暖花开。

从明天起，和每一个亲人通信，
告诉他们我的幸福。
那幸福的闪电告诉我的，

我将告诉每一个人。

给每一条河每一座山取一个温暖的名字，

陌生人，我也为你祝福。

愿你有一个灿烂的前程，

愿你有情人终成眷属，

愿你在尘世获得幸福，

我只愿面朝大海，春暖花开。

侧耳倾听

## 及时地爱人，及时地感恩，及时地生活

1.我们在意的人可以分为两种，有用的和有情的。与前者交往更需要动脑，与后者交往更需要动心。

2.乐观与豁达是女人美好的品性，在我们与亲人朋友的相处中，并不一定都会留下美好的记忆，那么，请多想想别人的好，适时地去遗忘那些没必要的痛苦与烦恼。

3.岁月给了我们智慧，也给了我们分辨能力，让我们可以识别出哪些人是真正地对我们好，哪些人是在利用我们，清醒一点儿，别让那份珍贵的感情付诸东流。